双書④・大数学者の数学

リーマン
現代幾何学への道

中村英樹

現代数学社

はじめに

本著は，多分に，これまでにない構成の著である．

リーマンの数学は高等数学である（念のためであるが，無論，高等学校数学のことではない）．それゆえこれまでの一般人や数学愛好家向けの此の類の著作は，数式を殆ど用いない言葉と絵だけで連ね，内容的には，リーマンの**数学**，というのではなく，むしろリーマンの経歴や系譜を中心にいろいろ語る，というのがふつうであった．従って一般読者は，「リーマン幾何学」とか「リーマン予想」とかという言葉を覚えるだけで，「数学的にはさっぱり」，というのが実情のようである．

そこで，此の著では，リーマンの**数学**をおぼろげにでもわかっていただくことを旨として，初等数学で，できるだけその核心に接近する，という方策を採った．ここに，「初等数学」とは，高等学校数学と大学（理工系）初学年数学のことである．読者には，最低限，高校数学の素養のあることが要求される．そもそも，リーマンの数学は，上述のように，（かなりの程度の）「高等数学」である．だから，このような著でそれだけを砕いて語る，というのは不可能である．従って，リーマン以前にどこまで数学は進展していたのか，そしてそれらをリーマンは，さらにどのように発展せしめたのか，というその着想が，著述の中心となる．それをしも，高校数学の素養すら不十分というのでは全く読み様がない．そこで，そういう読者の立場をも踏まえて，必要となる高校数学については，できるだけ砕いて説明をしてゆくことにした．さらに必要となる「大学初学年数学（偏微分や行列式等）$+\alpha$ 程度の数学」についても紙数が許す限り説明をすることにした．こうしてからでないと，リーマンの

はじめに

数学は語り様がないからである．それでも，リーマンの数学には遥か程遠いのであるが，しかし，ここまで，来れば，なんとか，リーマンの数学の雰囲気だけでも伝えてやれるのである（読者によっては雰囲気以上のものを汲みとれるであろう）．——そのように著述した，というべきであるが．

リーマンの数学が，事実上，「専門家」という，ごく僅かの人達の目にしか触れ得ない，というのでは，リーマンにとってもいかにも淋しい限りであろう．それだけに，数学好きな高校生・大学生，そして数学愛好家・社会人という，できるだけ多くの人にとって，本著がリーマンの数学の本格的啓蒙となり得るであろうこと，そしてそのために，順を追って読んでゆけば，高校生でも，それ相応にわかっていただけるであろうことを確信するものである．

平成21年吉日　著者

本著出版に際しては，現代数学社代表取締役富田淳氏に多大のお世話を賜った．此処に厚く御礼申し上げる次第である．

また，正確無比かつキメ細かいセンスで著者のミス等を指摘してくれた牟禮印刷の名キー・パンチャー廣瀬幸美さんには，此の紙面を以て感謝の意を表したい．

中村　英樹

目　　次

はじめに

第0章　リーマン～その短い生涯　………………　3

第1章　リーマン幾何に向かいて　………………　7
  1　座標幾何について　……………………………　7
  2　直線の方程式と平面の方程式　………………　10
  3　テイラー展開　…………………………………　12
  4　2変数関数に対するテイラー展開　…………　18
  5　曲面としての2変数関数　……………………　23
  6　面積ベクトルと軸性ベクトル　………………　29
  7　行列式　…………………………………………　42
  8　連立1次方程式と行列式　……………………　47
  9　座標空間における図形の方程式と行列式　…　54
  10　弧度から曲線の曲率へ　………………………　59
  11　ガウスの幾何学　………………………………　71
  12　ガウスの幾何学と非ユークリッド幾何学　…　86
  13　リーマン空間の提唱　…………………………　97

第2章　リーマンの数学　ア ラ カルト　………　107
  A　　リーマン面　……………………………………　107
  A・1　ガウス平面　………………………………………　107
  A・2　ガウス平面上の関数～複素関数　………………　118
  A・3　複素多価関数　……………………………………　141

A・4	リーマン面	…………	147
A・補遺		…………	151
B	リーマン積分	…………	162
B・1	17〜18世紀の微分積分法への反省	…………	162
B・2	フーリエ級数	…………	166
B・3	リーマン積分	…………	174
C	楕円関数論とリーマン	…………	180
C・1	楕円積分	…………	180
C・2	楕円関数	…………	190
D	素数論とリーマン	…………	199
D・1	素数分布問題と素数定理	…………	199
D・2	リーマン予想	…………	206

第3章　リーマンの数学の波及　………… 213

a	微分幾何学の進展	…………	213
b	位相幾何学の黎明	…………	225
c	近代解析学への飛翔	…………	238
d	双曲型非ユークリッド幾何のポアンカレ・モデル		
		…………	242

第4章　リーマン幾何学の宇宙論版〜一般相対性理論
　　　　　　　　　　　　　　　　　　………… 255

Ⅰ	特殊相対論	…………	256
Ⅱ	一般相対論	…………	258

これから先を学ぼうとする人のために

第0章 リーマン——その短い生涯

リーマンの生涯とその研究概観

　リーマン (G. F. B. Riemann) は，1826年，ドイツのハノーバーに生まれた．牧師である父の感化もあったのか，1846年，ゲッチンゲン大学に入学した当初は，父と同じその方面に進む予定であった．しかし，多分に，**ガウス** (C. F. Gauss) という，あの偉大な数学者の名を聞き及んだであろうリーマンは，途中から数学科に転じた．ガウスの講義に強く惹かれたリーマンではあったが，しかし，ドイツの一地方大学であるゲッチンゲン大学には，ガウスを除けば，あまり冴えた指導者はいなかった．それゆえ，リーマンは，ベルリン大学の数学者**ヤコビ** (K. G. J. Jacobi) や**ディリクレ** (P. G. L. Dirichlet) にも師事した．かくしてリーマンの才能は日増しに煌きを発し，早くも，1851年，複素関数論を確立するべき研究を発表した．これは，いずれ，後述することになるが，主にガウス平面（複素数平面）上での図形を構成する直線や曲線のなす角が，どのようなとき等角に保たれるのか，ということに関する研究内容のものである．

　さらに1854年早々，それまでの積分のあいまいな点を指摘し，きちんとした積分を定義すべく研究を発表した．これが，後に，「リーマン積分」と称されるようになったものである．同年6月，ゲッチンゲン大学の私講師となるべくその就職論文の発表，

それが，リーマンの名を高々と称揚することになった，あの
リーマン幾何学
の礎(いしずえ)たる研究——「幾何学の基礎をなす公準に就いて」——であった．この研究は，ガウスが与えた課題の一つであり，リーマンの就職講演は，師であるガウスを充分に堪能させるものであった．

　リーマンは，1849年にゲッチンゲン大学に戻ってから，前述の複素関数の研究をやり，学士を得ている．彼は，ゲッチンゲン大学に残りたかった．だから，そこで研究をし，1854年からそこの私講師となった．この「私講師」という職であるが，——これは大学から任命されるものではあるが，受講した学生が報酬としての受講料を支払う，というものである．従って，学生が来なくなれば報酬は無し，ということで，極めて酷な採用形態の一つである．ともかくリーマンは，そこで3年程，私講師として生き残り，1857年に助教授に昇進した．しかし，リーマンにとっても助教授から教授への昇進は儘(まま)ならなかった．これは，彼を愛弟子(まなでし)としていたガウスが1855年に亡くなっており，その後任として，ベルリン大学教授のディリクレ——リーマンにとって第2の恩師——が来たからである．しかし，ディリクレは，ゲッチンゲンに来るや4年程経った1859年に，突然，亡くなったものゆえ，その代わりとしてリーマンが教授に就任，ということになった．この運命の転変は，リーマンにとって複雑な思いであったろう：一方では，数年の内に2人の大恩師を失っての悼(いた)み，他方では，しかし，そのために自分は教授になれたのであるから，ということで．ともあれ，これで出世街道を気にせず研究に没頭できるようになったリーマンは，今度は，広く他の数学者との交流をもつため，フランスに出向いた．し

かし，その頃から，リーマンは肺結核を煩い，そしてイタリアで療養したまま，1866年7月，ついに帰らぬ人となってしまった．まだ，40歳にもならぬ若さで．
しかし，この短い生涯で，挙げた業績は大きい．リーマン幾何学の創始に加え，さらに複素有理関数のアーベル積分から定義される「アーベル関数」というものの研究では，「リーマン面」という新しい数学的概念を導入し，それは，その後の幾何学に多大の影響を与えるリーマンの一大遺産となったものである．いずれ，リーマン面についても概説致すことになるだろう．

　上述のような偉大な研究は，しかし，もちろん，リーマン1人の力で為し得たものではない．いかなる天才とて，単独では，あるいは「明哲の師」無しでは，輝きを発し得ない．そこには，当然，その才能を研磨できる然るべき師がいなくてはならない．リーマンはそのような師には恵まれた．それゆえ，ガウスの後を継いだ複素関数論や幾何学，ヤコビの後を継いだアーベル積分論，ディリクレの後を継いだ級数論的整数論などの高価な研究ができた訳である．とりわけ，ガウスの影響は大きいので，ガウスについても少し述べておく必要はあるだろう．1700年代後半の生まれながらも，ガウスの生いたちは，史実が比較的によく判明している．

　ガウスは，1777年，ドイツの貧しい職人の家で生まれたが，その驚異の才能は，幼い頃より煌いていた．（もちろん，ガウスは，早期教育を受けたわけではない．）それがため，さるべき人より奨学金を得て1795〜1798年にゲッチンゲン大学で学ぶことができた．それからの研究は夥しく，近代数学のあらゆる部門の扉を開くに至った．それゆえ，ガウスは，「近代数学の

父祖」と称えられるようになったわけである．ガウスは，しかし，あまり有能な弟子には恵まれなかった．ようやく，ガウスの下に来た類稀な学生，それが，孫程の年齢差のあるリーマンだったのである．そしてリーマンの後輩であり，後に「実数論」の確立者の一人となった**デデキント（R. Dedekind）**が来た．デデキントは，ガウスの最後の弟子である．この二人の成長は，晩年のガウスにとって唯一の慰めであったことであろう．

　それでは，リーマンの数学に向かい行くことに致そう．

第 1 章 リーマン幾何に向かいて

1 座標幾何について

　これからリーマンの数学のうちでも最も輝かしい業績であるリーマン幾何学の序曲に向かうことにする．そのため，数節に亘(わた)ってその準備をしてゆく．

　そこで，まずは，**座標幾何**について，少し詳しく叙述しておくことは無駄ではないであろう．「座標幾何」というものは，文字通り，座標軸を用いて直線や曲線の方程式を表したり，また，長さの概念を導入して面積などの幾何学的量を求めたりするものである．古来のユークリッド幾何には座標軸というものは無かった．そのようなものを用いて図形の幾何的性質を調べる，ということを始めてやったのは，フランスの**フェルマー**（**P. Fermat**）と**デカルト**（**R. Descartes**）で，1600 年代前半のことである．

　これに**ニュートン**（**I. Newton**）と**ライプニッツ**（**G. W. Leibniz**）の創始である微分積分法が合流し，座標幾何は大きく躍進するようになった．

　さて，「座標軸」というものであるが，「これには（原点からの）長さに応じた目盛りが付いている」，と思い込んでいる人が非常に多いようである．例えば，「x 軸には長さ 1, 2, … の

所に 1, 2, … の目盛りがあって，それを原点の回りに 90°だけ回転させたものが y 軸だ」，と思っている人が多い．しかし，座標軸上の長さとか目盛りとかいうものは，先験的にあるものではない．

x 軸上にとった 1, 2, … は，長さ 1, 2, … から定めたものではなく，単に x 軸上に等間隔にとった点の位置を表しただけのものでしかないのである．「**長さ**」は，また，別の概念である．だから，例えば，x 軸上の「目盛り 1 の位置」までの長さを 2 としても一向に構わない．そうすれば，「目盛り 2 の位置」までの長さは 4 になる．他の点についても同様である（**図 1 — 1** 参照）．x 軸についてだけでもこうである．他方，y 軸であるが，こちらの位置座標と長さも，自由に決められる．だから，「x 軸を 90°回転したものが y 軸だ」，とはいえない．x 軸と y 軸の長さのスケールは同じでなくてもよいのである（**図 1 — 2** 参照）．

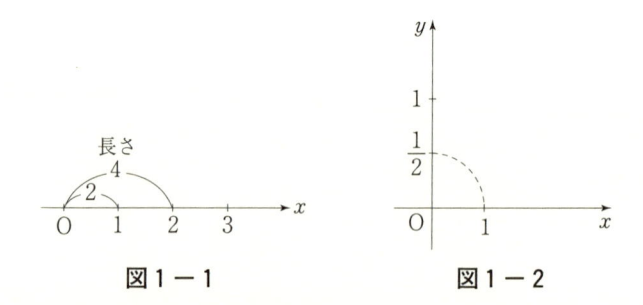

図 1 — 1　　　　　**図 1 — 2**

しかし，ふつう，人間にとっては，多分，x 軸上の「目盛り 1 の位置までの長さを 1」とした方が見やすいであろう．そしてそのような x 軸を 90°回転した座標軸を y 軸として用いれば，なお見やすいであろう．——尤も，これが必ずしも便利だ

というわけではないが．また，人間にとって見やすいから「かくあるべきだ」とも，もちろん，いえない．高校数学，あるいは大学初学年数学までは，xy 座標軸，あるいは，xyz 座標軸といえば，見やすさのため，無条件に，各軸上の位置は（原点からの）長さに応じ，各軸の長さのスケールを皆同じものと（勝手に）決めつけてきているが，こういう先入観をもたれると，リーマン幾何に向かうことはできない．それゆえ，できるだけ早く，頭を切り換えていただきたい．

　上述のようなふつうの xy 座標軸や xyz 座標軸は，"フェルマー・デカルト方式ユークリッド座標軸" とでもいうべきものであるが，本著では「**通常座標軸**」ということにする．
尚，この節の最後に，**図 1－2** のような座標軸で，代表的な直線の方程式と円の方程式を表しておこう：

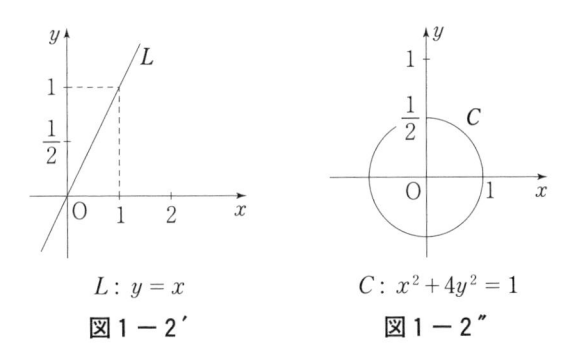

$L: y = x$
図 1－2′

$C: x^2 + 4y^2 = 1$
図 1－2″

念のためであるが，通常座標軸では，**図 1－2′** の場合 $L: y = 2x$，**図 1－2″** の場合 $C: x^2 + y^2 = 1$ である．

2 直線の方程式と平面の方程式

以後，しばらくは，通常座標軸を用いることにする．
この節では，座標幾何の初歩的内容である直線や平面の方程式を導いておく．これは，それらをきちんと確認しておいてくれないと，これから曲線や曲面を扱うときに苦しくなるからである．

(1) 直線の方程式

図2−1のように，xyz直交座標で点(x_0, y_0, z_0)を通り，方向が(ℓ, m, n)である直線Lがある．直線L_0はLと平行で，(ℓ, m, n)はその方向ベクトルの成分である．L上の点を（どこでもよいから）(x, y, z)とすれば，簡単な比例式

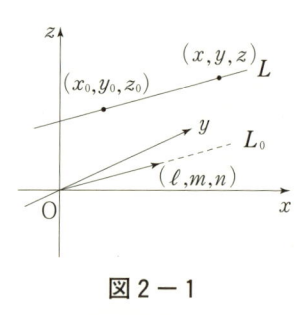

$$\begin{cases} x - x_0 = \ell t \\ y - y_0 = mt \quad (t\text{ は実数の媒介変数}) \\ z - z_0 = nt \end{cases}$$

図2−1

が成り立つ．これらよりtを消去すれば

$$\frac{x - x_0}{\ell} = \frac{y - y_0}{m} = \frac{z - z_0}{n} \qquad (2-1)$$

という連比式が得られる．これが**直線Lの方程式**である．
もし仮に$n = 0$であれば，$z - z_0 = 0$とする．他についても同様であるが，ℓ, m, nの全部が0になっては直線の方程式にならないから，少なくとも一つは0でないとする．

(2) 平面の方程式

図2-2のように，xyz 直交座標空間に平面 Π がある．点 (a, b, c) は原点 O から Π に下ろした垂線の足である．Π 上の点を (x, y, z) とすれば，三平方の定理により

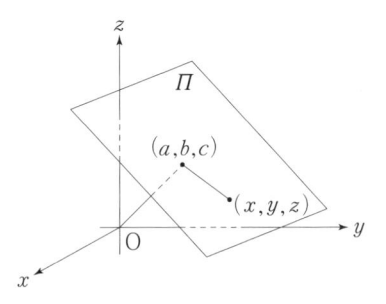

$$x^2+y^2+z^2 = a^2+b^2+c^2 \\ +(x-a)^2+(y-b)^2+(z-c)^2$$

図2-2

が成り立つ．従って

$$ax+by+cz = a^2+b^2+c^2 \qquad (2-2)$$

という式が得られる．これが**平面 Π の方程式**である．この式が平面を表すためには $a^2+b^2+c^2 \neq 0$ でなくてはならない．そこで

$$\sqrt{a^2+b^2+c^2} = d,$$
$$\frac{a}{d} = \ell, \ \frac{b}{d} = m, \ \frac{c}{d} = n$$

とおけば，Π の方程式は

$$\ell x + my + nz = d \qquad (2-3)$$

と表される．ここで，ℓ, m, n は

$$\ell^2 + m^2 + n^2 = 1$$

を満たす．このような (ℓ, m, n) を，本著では，Π の**法線方向余弦**（**ベクトル**）ということにする．平面 Π が点 (x_0, y_0, z_0) を通るときは，**式(2-3)**より

$$\ell x_0 + my_0 + nz_0 = d$$

が成り立つので，**式(2-3)**と併せて

$$\ell(x-x_0)+m(y-y_0)+n(z-z_0)=0 \qquad (2-4)$$

が得られる.

　平面の方程式として, **式(2-2), (2-3)及び(2-4)** のどれを用いてもよいが, ただ, **式(2-2)** は, このままでは, 原点を通る平面を表せないのが弱点であり, また, **式(2-3)** は原点から平面までの距離がわかっていないと用いづらい. ということで, **式(2-4)** が多くの場合で用いやすいであろう. 尚, $n \neq 0$ であれば, **式(2-4)** では, z が x, y についての定数または1次関数値になる.

注. **式(2-3)** であるが, この式では (ℓ, m, n) と d とは独立である, と見做した方がよい. こうすることで, $d=0$ が許容されて, そして ℓ, m, n の少なくとも一つは0でないとして, $\ell x+my+nz=0$ は原点を通る平面の方程式と読み直せるからである.

　いずれ, 直線と平面は頻繁に現れるので, ここは, これで締めておこう.

3　テイラー展開

　微分積分法が発見されるや, その直後の進展はめざましい. その一つは, 関数の**テイラー展開**である. これは, 要するに, 関数を整級数で表すことであって, その原型は, 微分積分法発見以前の疾うの昔から知られていた. 高校数学における無限等比級数にその端的例が見られる:

$$\frac{1}{1-x} = 1+x+x^2+\cdots+x^n+\cdots \quad (|x|<1).$$

高校数学では，右辺から左辺を導いているが，これからは，左辺から右辺を導くことになる．これが，テイラー展開の立場である．

　一般に，x が適当な範囲にあるとき，$f(x)$ を
$$f(x) = a_0 + a_1 x + a_2 x^2 + \cdots + a_n x^n + \cdots$$
という形に表すことを**テイラー展開**という．（うるさくいうと，マクローリン展開というべきだが，マクローリン展開はテイラー展開に含まれるので，それ程，このような用語にこだわることはあるまい．）

$f(x)$ は，もちろん，何回でも微分できる関数である．係数 a_0，a_1，a_2，$\cdots$ は $f(x)$ を（形式的に）どんどん微分してゆけば，簡単に求められる．つまり，
$$f(0) = a_0,\ f'(0) = a_1,\ f''(0) = 2a_2,$$
$$\cdots\cdots,\ f^{(n)}(0) = n(n-1)\cdots 2\cdot 1 a_n = n!\, a_n$$
と求められる．念のためであるが，$f^{(n)}(0)$ $(n \geq 0)$ は，$f(x)$ を n 回微分してから $x=0$ とおいたもので，$f(x)$ の $x=0$ における **n 次微分係数**といわれるものである．かくして $f(x)$ は
$$f(x) = f(0) + f'(0)x + \frac{f''(0)}{2!}x^2 + \cdots + \frac{f^{(n)}(0)}{n!}x^n +$$
$$\cdots\cdots \quad (3-1)$$
と表されることになる．

　では，元に戻って $f(x) = 1/(1-x)$ の場合でテイラー展開をやってみよう．これを微分するには，このまま，分数関数のままで計算するよりも $(1-x)f(x) = 1$ という形にして積の微分

法を用いた方がやりやすいだろう．では，どんどん微分してゆく：
$$-f(x)+(1-x)f'(x)=0,$$
$$-f'(x)-f'(x)+(1-x)f''(x)=-2f'(x)+(1-x)f''(x)=0,$$
以下同様にして
$$-3f''(x)+(1-x)f'''(x)=0,$$
$$\vdots$$
$$-nf^{(n-1)}(x)+(1-x)f^{(n)}(x)=0 \quad (n \geq 1).$$
この最後の式は推定である．だから，数学的帰納法でちゃんと示しておかねばならない：$n=1$ のときは
$$f'(x)=\frac{f(x)}{1-x}=\frac{1}{(1-x)^2}$$
ということで，$f(x)$ を分数関数として微分したものと一致する．

$n=k$ のとき
$$-kf^{(k-1)}(x)+(1-x)f^{(k)}(x)=0$$
が成り立っていると仮定すれば，さらにもう1回微分することによって
$$-(k+1)f^{(k)}(x)+(1-x)f^{(k+1)}(x)=0$$
が得られる．従ってどんな自然数 n についても成り立つことが示された．

これから
$$f(0)=1, \; f'(0)=f(0)=1, \; f''(0)=2f'(0)=2\cdot 1,$$
$$f'''(0)=3f''(0)=3\cdot 2\cdot 1, \; \cdots\cdots,$$
$$f^{(n)}(0)=n(n-1)\cdots\cdots 2\cdot 1=n! \quad (n \geq 0)$$
が得られるので，**式(3－1)** により
$$f(x)=\frac{1}{1-x}=1+x+x^2+\cdots+x^n+\cdots$$

という (形式的な) テイラー展開式が得られるわけである.

単なる無限等比級数で展開されるこのような例では,テイラー展開の御利益はあまり感じられないであろうが,そうでないときは,"テイラー展開様さま"である.

$f(x) = e^x$ (e は自然対数の底) の場合では,何回微分しても $f^{(n)}(x) = e^x$ のままだから, **式 (3-1)** により

$$f(x) = e^x = 1 + x + \frac{x^2}{2!} + \cdots + \frac{x^n}{n!} + \cdots$$

というテイラー展開式が得られる.
これは n 次微分係数がすぐ求められる例だから,つまらない.

n 次微分係数を求めるための計算練習のために $f(x) = \sin x$ の場合を扱っておこう.これも大したことではないのだが,一般に

$$f^{(n)}(x) = \sin\left(x + \frac{n\pi}{2}\right) \quad (n \geq 0)$$

であるから,

$$f^{(n)}(0) = \sin\frac{n\pi}{2} = \begin{cases} 0 & (n = 4m) \\ +1 & (n = 4m+1) \\ 0 & (n = 4m+2) \\ -1 & (n = 4m+3) \end{cases}$$

(m は 0 以上の整数)

となる.従って**式 (3-1)** により

$$f(x) = \sin x = x - \frac{x^3}{3!} + \frac{x^5}{5!} - \frac{x^7}{7!} + \cdots$$
$$= \sum_{k=1}^{\infty} \frac{(-1)^{k-1}}{(2k-1)!} x^{2k-1}$$

というテイラー展開式が得られる.

同様にして
$$f(x) = \cos x = 1 - \frac{x^2}{2!} + \frac{x^4}{4!} - \frac{x^6}{6!} + \cdots$$
$$= \sum_{k=1}^{\infty} \frac{(-1)^{k-1}}{(2k-2)!} x^{2k-2}$$
となるのは，読者の演習である．

テイラー展開のよいところは，これによって様々な近似式あるいは近似値，また，様々な極限値が容易に求められる点にある．

例えば，x がかなり小さければ
$$e^x \fallingdotseq 1 + x \quad (\text{2 次以上の項を無視})$$
としてよい．実際，$x = 0.001$ なら，$e^{0.001} \fallingdotseq 1.001$ とすぐ見積もれる．この際，
$$e^x \fallingdotseq 1 + x + \frac{x^2}{2}$$
を用いてみれば，
$$e^{0.001} \fallingdotseq 1 + 0.001 + \frac{1}{2} \times 0.000001$$
$$= 1.0010005$$
となるが，$x^2/2$ の項まで計算しなくとも，よい近似値が得られるのが納得されよう．

また，極限については
$$\lim_{x \to \infty} \frac{x^n}{e^x} \quad (n \text{ は自然数}), \quad \lim_{x \to 0} \frac{x - \sin x}{x^3}$$
のようなものは直ちに求められる．前者については
$$\frac{x^n}{e^x} = \frac{x^n}{1 + x + \frac{x^2}{2!} + \cdots + \frac{x^n}{n!} + \cdots}$$

$$= \cfrac{1}{\dfrac{1}{x^n}+\dfrac{1}{x^{n-1}}+\cdots+\dfrac{1}{(n-1)!x}+\dfrac{1}{n!}+\dfrac{x}{(n+1)!}+\cdots}$$

ということで，極限値は 0．

後者については，$x \neq 0$ として

$$\frac{x-\sin x}{x^3}=\frac{1}{3!}-\frac{x^2}{5!}+\frac{x^4}{7!}-\cdots$$

ということで，極限値は 1/3!＝1/6．（大学入試のようなものでは，もちろん，このような計算はするべきではないが．）

式（3－1）はさらに拡張した形で

$$f(x)=f(x_0)+f'(x_0)(x-x_0)+\frac{f''(x_0)}{2!}(x-x_0)^2$$
$$+\cdots+\frac{f^{(n)}(x_0)}{n!}(x-x_0)^n+\cdots \quad (3-2)$$

と表される．$x_0=0$ であれば，この式は，もちろん，**式（3－1）**に他ならない．

次節では，テイラー展開を 2 変数関数の場合に対して適用させるため，**式（3－2）**を

$$f(x)=f(x_0)+(x-x_0)\left(\frac{df}{dx}\right)_{x_0}+\frac{(x-x_0)^2}{2!}\left(\frac{d^2f}{dx^2}\right)_{x_0}$$
$$+\cdots+\frac{(x-x_0)^n}{n!}\left(\frac{d^nf}{dx^n}\right)_{x_0}+\cdots$$

$$=f(x_0)+(x-x_0)\left(\frac{d}{dx}\right)_{x_0}f(x)$$
$$+\frac{1}{2!}(x-x_0)^2\left(\frac{d^2}{dx^2}\right)_{x_0}f(x)+\cdots$$
$$+\frac{1}{n!}(x-x_0)^n\left(\frac{d^n}{dx^n}\right)_{x_0}f(x)+\cdots \quad (3-2)'$$

と表記し直しておく．

4　2変数関数に対するテイラー展開

x, y の2変数関数を $z=f(x, y)$ と表す．この式の右辺が定数または x, y の1次式であれば，既述のように，これは幾何的に平面の方程式を表す．いま，その右辺は一般式であるから，曲面の方程式を表すと思ってよい．

2変数関数になると，微分は少なくとも偏微分になる．といっても，計算だけなら，x で偏微分するときは y を定数と見做し，y で偏微分するときは x を定数と見做してやればよいだけのことである．

例えば，$f(x, y) = x^3 - 3xy + y^3$ の場合は，

$$\frac{\partial}{\partial x} f(x, y) = 3x^2 - 3y,$$

$$\frac{\partial}{\partial y} f(x, y) = -3x + 3y^2,$$

$$\frac{\partial^2}{\partial x^2} f(x, y) = \frac{\partial}{\partial x}\left(\frac{\partial}{\partial x} f(x, y)\right) = 6x,$$

$$\frac{\partial^2}{\partial y^2} f(x, y) = \frac{\partial}{\partial y}\left(\frac{\partial}{\partial y} f(x, y)\right) = 6y,$$

$$\frac{\partial^2}{\partial y \partial x} f(x, y) = \frac{\partial}{\partial y}\left(\frac{\partial}{\partial x} f(x, y)\right) = -3,$$

$$\frac{\partial^2}{\partial x \partial y} f(x, y) = \frac{\partial}{\partial x}\left(\frac{\partial}{\partial y} f(x, y)\right) = -3$$

となる．また，$f(x, y) = e^{x^2+y^2}$ の場合は，

$$\frac{\partial}{\partial x} f(x, y) = 2xe^{x^2+y^2},$$

$$\frac{\partial}{\partial y} f(x, y) = 2ye^{x^2+y^2},$$

$$\frac{\partial^2}{\partial x^2} f(x, y) = 2(1+x)e^{x^2+y^2},$$

$$\frac{\partial^2}{\partial y^2}f(x,\ y)=2\,(1+y)\,e^{x^2+y^2},$$

$$\frac{\partial^2}{\partial y\partial x}f(x,\ y)=\frac{\partial^2}{\partial x\partial y}f(x,\ y)=4xye^{x^2+y^2}$$

となる.

一般に $f(x,\ y)$ に対する偏導関数は,

$$\frac{\partial f}{\partial x}(x,\ y)=f_x(x,\ y),$$

$$\frac{\partial f}{\partial y}(x,\ y)=f_y(x,\ y),$$

$$\frac{\partial^2 f}{\partial x^2}(x,\ y)=f_{xx}(x,\ y),$$

$$\frac{\partial^2 f}{\partial y^2}(x,\ y)=f_{yy}(x,\ y),$$

$$\frac{\partial^2 f}{\partial y\partial x}(x,\ y)=f_{xy}(x,\ y),$$

$$\frac{\partial^2 f}{\partial x\partial y}(x,\ y)=f_{yx}(x,\ y)$$

のように表される. これらに応じるように $(x,\ y)=(x_0,\ y_0)$ での偏微分係数は

$$\left(\frac{\partial}{\partial x}\right)_{(x_0,\ y_0)}f(x,\ y)=\frac{\partial f}{\partial x}(x_0,\ y_0)=f_x(x_0,\ y_0),$$

$$\left(\frac{\partial}{\partial y}\right)_{(x_0,\ y_0)}f(x,\ y)=\frac{\partial f}{\partial y}(x_0,\ y_0)=f_y(x_0,\ y_0),$$

$$\left(\frac{\partial^2}{\partial x^2}\right)_{(x_0,\ y_0)}f(x,\ y)=\frac{\partial^2 f}{\partial x^2}(x_0,\ y_0)=f_{xx}(x_0,\ y_0),$$

$$\left(\frac{\partial^2}{\partial y^2}\right)_{(x_0,\ y_0)}f(x,\ y)=\frac{\partial^2 f}{\partial y^2}(x_0,\ y_0)=f_{yy}(x_0,\ y_0),$$

$$\left(\frac{\partial^2}{\partial y\partial x}\right)_{(x_0,\ y_0)}f(x,\ y)=\frac{\partial^2 f}{\partial y\partial x}(x_0,\ y_0)=f_{xy}(x_0,\ y_0),$$

$$\left(\frac{\partial^2}{\partial x\partial y}\right)_{(x_0,\ y_0)}f(x,\ y)=\frac{\partial^2 f}{\partial x\partial y}(x_0,\ y_0)=f_{yx}(x_0,\ y_0)$$

のように表される．

注．慣習上，2次偏導関数は
$$\frac{\partial^2}{\partial x \partial y}f(x, y) = f_{yx}(x, y)$$
のように，偏微分の順序と添字としての x, y の順序が逆になっている．これは，座標を縦に並べたときの見やすさに起因しているが，絶対的な規定ではない．しかし，今は，慣習通りの解釈をしておかれたい．

また，厳密にいうと，どんな関数に対しても $f_{yx}(x_0, y_0) = f_{xy}(x_0, y_0)$ が成り立つわけではないが，本著では，それが成り立たないような件には立ち入らない．

以上の準備の下で，2変数関数に対するテイラー展開は，**式（3－2）′** を形式的に次のように拡張した形で与えられる：
$$\begin{aligned}
f(x, y) = & f(x_0, y_0) \\
& + \left[(x-x_0)\left(\frac{\partial}{\partial x}\right)_{(x_0, y_0)} + (y-y_0)\left(\frac{\partial}{\partial y}\right)_{(x_0, y_0)}\right] f(x, y) \\
& + \frac{1}{2!}\left[(x-x_0)\left(\frac{\partial}{\partial x}\right)_{(x_0, y_0)} + (y-y_0)\left(\frac{\partial}{\partial y}\right)_{(x_0, y_0)}\right]^2 f(x, y) \\
& + \cdots \cdots \cdots \cdots \cdots \cdots \cdots \cdots \cdots \cdots \cdots \cdots \\
& + \frac{1}{n!}\left[(x-x_0)\left(\frac{\partial}{\partial x}\right)_{(x_0, y_0)} + (y-y_0)\left(\frac{\partial}{\partial y}\right)_{(x_0, y_0)}\right]^n f(x, y) \\
& + \cdots \cdots . \quad (4-1)
\end{aligned}$$

1変数の場合に比べて数式が長たらしくなるので，
$$(x-x_0)\left(\frac{\partial}{\partial x}\right)_{(x_0, y_0)} + (y-y_0)\left(\frac{\partial}{\partial y}\right)_{(x_0, y_0)} = D$$

とおいて

$$f(x, y) = \sum_{k=0}^{\infty} \frac{1}{k!} D^k f(x, y) \qquad (4-1)'$$

と表すことにする. ただし,

$$D^k f(x, y) = \sum_{r=0}^{k} {}_k C_r (x-x_0)^{k-r} (y-y_0)^r \\ \cdot \left(\frac{\partial^k}{\partial x^{k-r} \partial y^r} f(x, y) \right)_{(x_0, y_0)}$$

である. $k=2$ の場合で具体的に表すと,

$$\begin{aligned}
D^2 f(x, y) &= {}_2C_0 (x-x_0)^2 \left(\frac{\partial^2}{\partial x^2} f(x, y) \right)_{(x_0, y_0)} \\
&+ {}_2C_1 (x-x_0)(y-y_0) \left(\frac{\partial^2}{\partial x \partial y} f(x, y) \right)_{(x_0, y_0)} \\
&+ {}_2C_2 (y-y_0)^2 \left(\frac{\partial^2}{\partial y^2} f(x, y) \right)_{(x_0, y_0)} \\
&= f_{xx}(x_0, y_0)(x-x_0)^2 \\
&+ 2f_{xy}(x_0, y_0)(x-x_0)(y-y_0) \\
&+ f_{yy}(x_0, y_0)(y-y_0)^2
\end{aligned}$$

ということである.

1変数の場合に比べると, 大分, 複雑になるので, 具体例はやらないことにする. ただ, $f(x,y) = e^{x+y}$ や $f(x,y) = \sin(x+y)$ 等の例では, 1変数の場合のテイラー展開をそのまま流用できることを注意しておく.

これからの叙述では, テイラー展開そのものよりも, 大体は, せいぜい2次導関数項までが主要項となるようなときが中心になる. それゆえ, 2次導関数項までを具体的に表記して, その後の項は無視できるものとしてテイラー展開を表す. つまり,

$x-x_0 \fallingdotseq 0$, $y-y_0 \fallingdotseq 0$ として
$$\begin{aligned}f(x, y) = & f(x_0, y_0) \\ & + f_x(x_0, y_0)(x-x_0) + f_y(x_0, y_0)(y-y_0) \\ & + \frac{1}{2!}[f_{xx}(x_0, y_0)(x-x_0)^2 \\ & \quad + 2f_{xy}(x_0, y_0)(x-x_0)(y-y_0) \\ & \quad + f_{yy}(x_0, y_0)(y-y_0)^2] \\ & + o((x-x_0)^2, (x-x_0)(y-y_0), (y-y_0)^2)\end{aligned}$$

(4-2)

と表す．この最後の項は，不要になったときは，いつでも 0 と見做せる，と解釈していただいて構わない．誤解の恐れなき場合は，しばしば省略することも多い．

簡単な具体例を一つ挙げておこう：

$f(x, y) = \sqrt{x+y+1}$ に対して $x \fallingdotseq 0$, $y \fallingdotseq 0$ のときは，$x_0 = y_0 = 0$ として展開する．

$$f_x(x, y) = f_y(x, y) = \frac{1}{2\sqrt{x+y+1}},$$
$$f_{xx}(x, y) = f_{xy}(x, y) = f_{yy}(x, y) = -\frac{1}{4(x+y+1)^{3/2}}$$

であるから，$f_x(0, 0) = f_y(0, 0) = 1/2$, $f_{xx}(0, 0) = f_{xy}(0, 0) = f_{yy}(0, 0) = -1/4$. 従って

$$f(x, y) = 1 + \frac{1}{2}(x+y) - \frac{1}{8}(x+y)^2 + o((x+y)^2)$$

となる．

注．$x-x_0 \fallingdotseq 0$, $y-y_0 \fallingdotseq 0$ だから，2 次の項 $f_{xx}(x_0, y_0)(x-x_0)^2$, $f_{xy}(x_0, y_0)(x-x_0)(y-y_0)$, $f_{yy}(x_0, y_0)(y-y_0)^2$ も 0 と見做してよい，と短絡的なことをしてはならない．2 次の項がものをいうときもあるからである．

5 曲面としての2変数関数

この節では，**式（4－2）**における1次・2次導関数項の幾何学的意味を説明致そう．関数 $z=f(x, y)$ を xyz 座標空間内の曲面としてこれを Σ で表そう．（Σ には尖った所などは無いとする．）

まず，(x, y) を (x_0, y_0) に充分近い座標として2次以降の項を無視する．そうすれば $z=f(x, y)$ は

$$z = z_0 + f_x(x_0, y_0)(x-x_0) + f_y(x_0, y_0)(y-y_0) \quad (5-1)$$

となる．ただし，$f(x_0, y_0)=z_0$ とした．$f_x(x_0, y_0)$, $f_y(x_0, y_0)$ はもちろん（実数の）定数であるから，それぞれを $-\alpha, -\beta$ で表せば，**式（5－1）**は

$$\alpha(x-x_0) + \beta(y-y_0) + z - z_0 = 0 \quad (5-1)'$$

となる．**第2節**を振り返れば，これは，平面の一部分を表していることがわかるであろう．この接平面の法線方向余弦は

$$\ell = \frac{\pm\alpha}{\sqrt{\alpha^2+\beta^2+1}}, \ m = \frac{\pm\beta}{\sqrt{\alpha^2+\beta^2+1}}, \ n = \frac{\pm 1}{\sqrt{\alpha^2+\beta^2+1}}$$

（複号同順）

で与えられる．要するに，**式（5－1）**は，曲面 Σ 上の点 $P_0=(x_0, y_0, z_0)$ の充分近くでは，P_0 で接する平面の一部分を表す方程式である，という訳である．

一般に，曲面 Σ 上の点 P で接する平面を P における**接平面**とよぶ．そしてそれを $T_P\Sigma$ で表すことにする．

式（5－1）で，あるいは，同じことだが，**式（5－1）'**で，$f_x(x_0, y_0) = f_y(x_0, y_0) = 0$ であれば，$z=z_0$ となるのみだから，P_0 での接平面は xy 平面と平行になる（**図5－1**）．

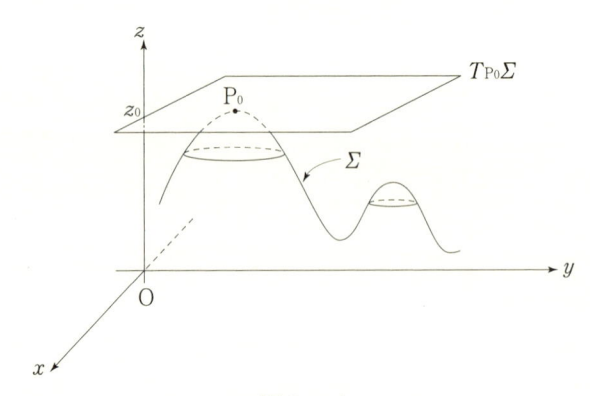

図 5 − 1

　これは，1変数関数のとき，$f'(x_0)=0$ となる $x=x_0$ では接線の傾きが0である，ということに相当している．そしてそのような x_0 が極値（極大値や極小値）に関与していることは，高校数学での内容．
　$f'(x_0)=0$ であれば $x=x_0$ で極値をとるとは限らないが，さらに $f''(x_0)>0$ であれば $x=x_0$ で極小値をとるし，$f''(x_0)<0$ であればそこで極大値をとる．これは，2次微分係数ないしは2次導関数が曲線の曲がり具合いを示す目安であることによる．その最も簡単な例が放物線 $y=x^2$ である．これは，$y''=2>0$ ということで，すべての x にわたって曲線は下に凸である．だから，もちろん，$y'=0$ となる $x=0$ で関数 $y=x^2$ は極小値0をとることになる．
　同様のことは，2変数関数でも当然いえる．
　そこで，式（4−2）における2次導関数項に着眼する．$x-x_0$，$y-y_0$ は適当な範囲でどんな小さな値をとってもよい．いま，それぞれを h，k と表しておこう．そして

$$F(h, k) = f_{xx}(x_0, y_0)h^2 + 2f_{xy}(x_0, y_0)hk + f_{yy}(x_0, y_0)k^2$$

(5-2)

とおく．$F(h, k)$ は h と k の2次関数であるから，適当な範囲での h, k に対してつねに $F(h, k) > 0$ または $F(h, k) < 0$ が成り立つ条件が存在するであろう．これが曲面の曲がり具合，といってもまだ判然とはし難いが，ともかくそういうものを与えるであろうことは，1変数関数の場合から類推していただけるであろう．

ところで，高校数学でやるように，x と y の2次関数で，つねに

$$ax^2 + 2bxy + cy^2 > 0 \quad \text{または} \quad < 0$$

が成り立つ条件はそれぞれ

$$a > 0 \quad \text{かつ} \quad b^2 - ac < 0$$

または

$$a < 0 \quad \text{かつ} \quad b^2 - ac < 0$$

である．

そうすれば，上述の $F(h, k) > 0$ または $F(h, k) < 0$ の条件はそれぞれ

ⅰ）$f_{xx}(x_0, y_0) > 0$　かつ

$$f_{xy}(x_0, y_0)^2 - f_{xx}(x_0, y_0)f_{yy}(x_0, y_0) < 0$$

または

ⅱ）$f_{xx}(x_0, y_0) < 0$　かつ

$$f_{xy}(x_0, y_0)^2 - f_{xx}(x_0, y_0)f_{yy}(x_0, y_0) < 0$$

ということになる（**図 5-2**）．

i)の場合　　　　　ii)の場合

図5－2

さて，極値についてであるが，それは，これまでの記述からわかるように，$f_x(x_0, y_0) = f_y(x_0, y_0) = 0$ の下で，$f(x_0, y_0)$ が極小値になるときは i)を満たすこと，$f(x_0, y_0)$ が極大値になるときは ii)を満たすこと，である．

他方，$f_{xy}(x_0, y_0)^2 - f_{xx}(x_0, y_0)f_{yy}(x_0, y_0) > 0$ の場合であるが，このような場合，$F(h, k)$ は h, k の値によって正にも負にもなる．これは，適当な α, β をとって $h = \alpha t, k = \beta t$ ($t \fallingdotseq 0$) とすれば，**式(5－2)** より

$$\frac{1}{t^2}F(\alpha t, \beta t) = f_{xx}(x_0, y_0)\alpha^2$$
$$+ 2f_{xy}(x_0, y_0)\alpha\beta + f_{yy}(x_0, y_0)\beta^2$$

が得られるが，この右辺は t によらないので，$(1/t^2)F(\alpha t, \beta t)$ が正（または負）であれば，$t \to 0$ の極限でもその正であること（または負であること）は変わらない，ということである．ともかく，(α, β) の値によって $F(\alpha t, \beta t)$ は正にも負にもなるので，$f(x_0, y_0)$ は極値にならないわけである．

この節の最後に，具体的な曲面を，若干，図示しておこう．まず，$z = e^{x^2+y^2}$ について：

$$z_x = 2xe^{x^2+y^2}, \quad z_y = 2ye^{x^2+y^2}, \quad z_{xx} = 2(1+2x^2)e^{x^2+y^2},$$
$$z_{yy} = 2(1+2y^2)e^{x^2+y^2}, \quad z_{xy} = z_{yx} = 4xye^{x^2+y^2}.$$

$z_x = z_y = 0$ となるのは $(x, y) = (0, 0)$ であるからこれは極値を与える可能性がある．そしてつねに

$z_{xx} > 0$ であって，かつ

$$z_{xy}^2 - z_{xx}z_{yy} = -4(1+2x^2+2y^2) < 0$$

であるから，$(x, y) = (0, 0)$ で $z = e^{x^2+y^2}$ は極小値 $z = 1$ をとる．以上から**図5－3**が描かれる．

つぎに，$z = x^2 - y^2$ について：
これは2次曲面の一つである．

$z_x = 2x,\ z_y = -2y,\ z_{xx} = 2,\ z_{yy} = -2,$
$$z_{xy} = z_{yx} = 0.$$

$z_x = z_y = 0$ となるのは $(x, y) = (0, 0)$ であるが，つねに

$$z_{xy}^2 - z_{xx}z_{yy} = 4 > 0$$

となってしまう．だから，$(0, 0)$ は極値を与えない．この曲面は下に凸な部分と上に凸な部分をもった鞍形になり，$(x, y) = (0, 0)$ の点は**鞍点**といわれる．名称上は**双曲放物面**といわれるものである．以上から**図5－4**が描かれる．

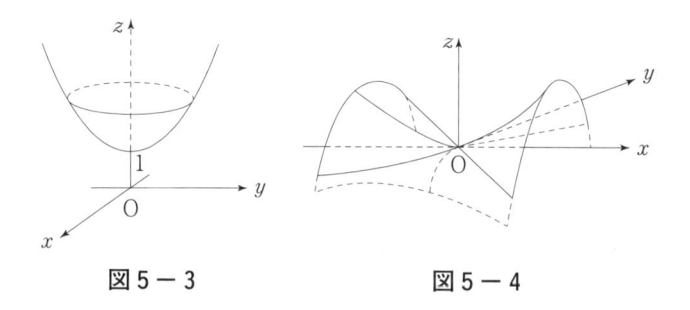

図5－3　　　　　　　**図5－4**

なお，$z_{xy}^2 - z_{xx}z_{yy} = 0$ となる例として，曲面 $z = x^2 + 2xy + y^2 = (x+y)^2$ があるが，これは，$x+y = 0$ を満たす全ての (x, y) が極小値 0 を与える．ということで，これは，極値が連続的に

分布している例である.

Coffee Break I

　リーマン幾何を語るにはまだまだ先が長いので,休みやすみ,進むことにする.それゆえ,ここらで一服して,幾何学雑談である.

　古代ユークリッド幾何,それはそれで,あの壮大な幾何学原論を構築することは容易なことではなかった.しかし,座標軸も無く,微分積分法も無かったゆえ,実際に扱える幾何学的対象は,ごくわずかなもの——直線的なもの——に限られていた.それから外れるや,ダルマそのもので,手も足も出なかった.だから,多角形や多面体のようなものの合同や相似を論じて分類したり,「長さ1」という概念を想定して,三平方の定理等を駆使して,図形の辺の長さや面積などを求めたりしていた.曲線や曲面等に対しては,円や球という全く特殊なものだけは,なんとかできたが,図形を表す方程式というものが無いゆえ,それらを除けば,どうにもできなかったわけである.

　放物線のようなものは,当時とて,幾何学的に知られてはいたが,しかし,例えば,「図CB-I-1における斜線部分の面積 S を求めよ」,という問題ですら,古代ユークリッド幾何では,正確には求められなかった.今なら,図CB-I-2のようにして
$$S = 2\left(1 - \int_0^1 x^2 dx\right)$$

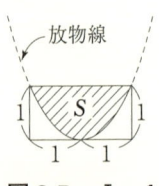

$$= 2\left(1 - \frac{1}{3}\left[x^3\right]_0^1\right)$$
$$= \frac{4}{3}$$

と，数十秒で求められる．

figure: 図CB-Ⅰ-2 — $y = x^2$ のグラフと，$-1 \leq x \leq 1$，$0 \leq y \leq 1$ の範囲における斜線部 S．

だからといって，近世の人間が古代の人間より頭がいい，ということにはもちろんならない．後世の人間は，既に判明してしまったことを学んでいるのだから，できたとて当たりまえのことである．それは，ともかく，ここで強調するべきは，座標軸と微分積分法の威力は実にすさまじいものだ，と感慨を新たにしていただきたい，ということである．

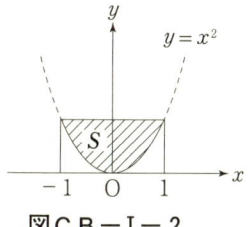

「数学には歴史などいらない．ただ（淡々と）数や数式を上手に操っていればよい」，というような無機的考え方は，数学という学問を，人間性から全く遠ざけてしまう．このような考え方は，数学を嫌う人間を増やす方向にしか向かわない．古代の人間にとって力の及ばなかったことが，歴史の中で，一つひとつ解明されてきた．その**感動の過程**を大切にしてこなかったこれまでの数学教育は，頽廃，ということでそのツケが回ってしまった．それだけに，数学に命を与えるべく，そういう指導者が今や強く要求される時代であろう．

6　面積ベクトルと軸性ベクトル

自然界には，ひとつのおもしろい法則がある．それは，「**右ネジの法則**」というものである．人間の作ったネジが右回りに，

すなわち，時計回りに回転するようにしているのは，その法則に従っているわけである．もっとも，この法則があるからとて，左ネジの法則が排除される，というわけではないが．ともかく，右ネジの法則に従う現象は左ネジの法則のそれに比べて圧倒的に多いのが現実のようである．

さて，高校数学ではベクトルというものを扱う．ベクトルとは，視覚的には，方向と向きをもったもので，それを実数倍したり，足し合わせたりして新しいベクトルを作ることができる，という性質をもったものである．「方向と向き」というものを強く尊重するため，ベクトルを，矢印を付して表すことも多い．その際は，「矢線ベクトル」などという．現実には，運動という形態でそのようなベクトルは多く見られる．

数学では，座標軸をとった時点で既にベクトルの概念が自動的に移入されている．

これらのベクトルは，運動の方向に沿ったものや座標平面上で点が直線状に移動する際に見られるものである（図6-1，図6-2）．

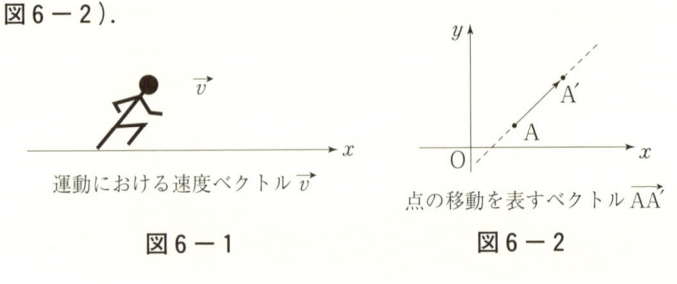

運動における速度ベクトル $\vec{v}$

図6-1

点の移動を表すベクトル $\overrightarrow{AA'}$

図6-2

しかし，これらのようなベクトルとは，一風，変わったベクトルがある．(右)ネジ型のベクトルである．現実には，ネジそのものは，その方向と向きがはっきり見えるが，自然現象的

には上昇気流に伴うつむじ風がその典型例といえるだろう．空気が円輪を描くように運動したとき，そこに軽い木の葉があれば，それが上に舞うような現象は，時折，見かけられることである（図6－3）．

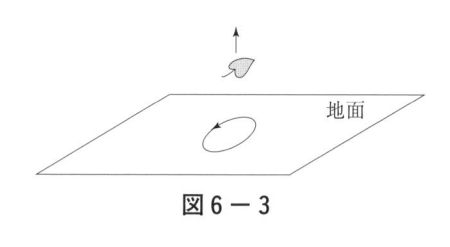

図6－3

このようなベクトルをも，数学的に記述することはできる．そこで，まずは，それに関連づくような最も簡単なベクトルを定義しておかねばならない．それは，**面積ベクトル**といわれるものである．

これからの記述では，次元の高いある空間で，しかし，座標軸を用いないで，平面等を見ることにする．

いま，薄い平たい紙が1枚あるとする．その片方の面を表面と決めれば，他方の面は裏面ということになる．もちろん，どちらの面を表と決めるかは自由であるが，ともかく，そうして決めた表の面を$+1$，裏の面を-1と，数を以て表記することにしよう．それらの± 1に，紙面$\varPi$の法線方向の意味を含蓄させて$\pm 1^{\perp}$と象徴して，面積ベクトル導入の準備をする（図6－4）．

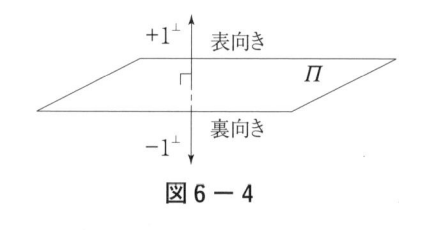

図6－4

さて，紙面$\varPi$が有限に拡がっている以上，その面積は有限

である．そこで，その面積の大きさを $|S|$（絶対値記号を付した理由は後にわかる）とするなら，面積は"ベクトル"として $\pm 1^{\perp}|S|$ のように表されるであろう．

ところで，既述のように，紙面 Π には $\pm 1^{\perp}$ でベクトルらしき象徴を導入したのであるが，この $+1^{\perp}$ を $\vec{n}$ と表せば，$-1^{\perp}$ は $-\vec{n}$ となる．そこで

$$|\pm\vec{n}|=1$$

と定義すれば，$\pm\vec{n}$ は，**大きさあるいは長さが 1 に定義された**ベクトルと思える．このような長さ 1 のベクトルを**単位ベクトル**という，されば，紙面 Π に垂直ということで，$\vec{n}$ を Π の**単位法線ベクトル**というのである．そして $\pm|S|\vec{n}$ をもって Π の**面積ベクトル**という．

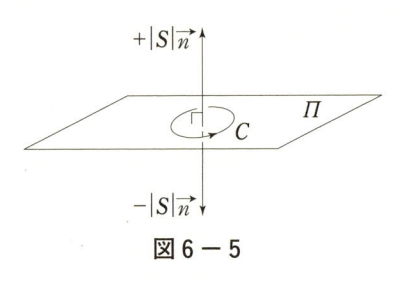

図 6-5

いま，$+|S|\vec{n}$ の方に着眼して，あたかも $|S|\vec{n}$ が右ネジであるかのように表すには，**図 6-5** のように Π 上に円周 C を描き，C に向きを与えればよい．

こうして，右ネジ型で面積ベクトルの**正の向き**を決める．（これで，$\pm|S|\vec{n}$ と向きをもった円周 C は独立ではなくなる．）これによって平面の面積が，ベクトルとして幾何学的に捉えられるようになったわけである．Π 全体で正の向きを一つ定めることができる，そんな面を**向き付け可能な面**，そして向きを付けた面を**向き付けられた面**という．こうなると，「では，平面で向き付け不能な面というものもあるのか？」，という疑問も

生ずるであろう．それはある．あるからこそ上述のような定義をしているのである．しかし，そのようなものを扱うには，まだまだ，時期尚早である．

平面でなければ，向き付け不能な面は容易に挙げられる．**メービウス (Möbius) の帯**といわれるものがその代表である (**図6－6**)．これは，長方形の帯の一端を 180°だけの1回ひねりを入れて他端と合わせることによって得られるものである．**図6－6**では，面に垂直に単位法線ベクトル$\vec{n}$を図示してある．この$\vec{n}$を，メービウス帯の中心線$\tilde{C}$ (図中にはないが，これは，帯の中間にあって1周する閉曲線) 上にその垂直を保ったままで1周させると，図の点線矢印のように，向きが反対になって戻ってくる．"戻ってくる"というのは，少々，おかしな表現に見聞されるかもしれない．読者には，「帯の裏面に来たのだから，"戻った"ということにはならない」，という人がいるかもしれない．しかし，中心線$\tilde{C}$上では1周して，まちがいなく，元の点の所に戻ったのである．また，"帯の裏面"といわれるなら，それは誤りで，実は，メービウス帯には表の面も裏の面もないのである．つまり，メービウス帯は唯一つの面をしかもたないものなのである．その証拠に，$\vec{n}$を更にもう1周させると，ちゃんと，それこそ元の位置に元の姿の$\vec{n}$で戻ってくる．ふつうの平面や曲面にはこのような性質はない．これらは，表の面を決めれば裏の面が必然的かつ一意的に決まってしまうからである (**図6－7と6－8**).

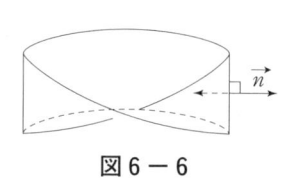

図6－6

図6−7　　　　　図6−8

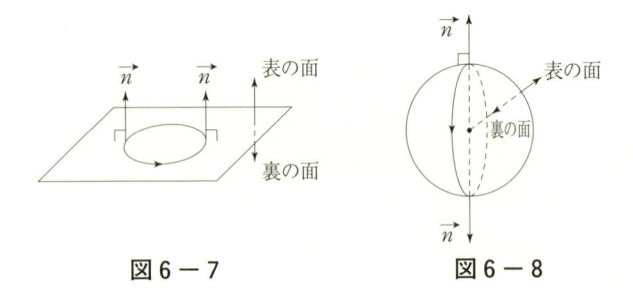

メービウス帯は，その帯のもつ性質のゆえに，中心線 $\bar{C}$ の回りの基本周期が 2π ではなく，4π の面である．この面は幾何学的示唆に富んだものであるから，いずれ，後述することになる．

ともかく，これで「面」というものは，軽々しくは見てはいられない，ということも肝に銘じていただけたであろう．

さて，ここまでは，まだ，座標軸を入れてはいない．平面をとり込むために最小限の必要な座標軸系は xy 座標平面であるが，平面の変化等を考慮するなら，少なくとも，xyz 座標空間でなくてはならない．そのような通常座標軸の先導で，まずは，平面 Π の単位法線ベクトル $\vec{n}$ を記述するのであるが，それについては既にこの章の**第2節**で求めてある．$\vec{n}$ は方向余弦表示で

$$\vec{n} = (\ell, \ m, \ n) \qquad (6-1)$$

と表すことができよう．これを以て Π の正の向きとしよう．されば，もう一つの単位法線ベクトルは $-\vec{n} = -(\ell, \ m, \ n)$ と表される．従って面積の大きさ $|S|$ をもった平面の（正の向きの）面積ベクトルは $|S|\vec{n} = |S|\cdot(\ell, \ m, \ n)$ となる．こうなると，

$|S|$ も座標表示しなくては具合がよくない.

そのために，まずは，xy 座標平面で平行四辺形の面積を表しておく．これは，高校数学の範囲でできる簡単なことであるが，復習を兼ねておさらいする．

図 6－9 は，二つのベクトル $\overrightarrow{OA_1}$，$\overrightarrow{OA_2}$ が角度 θ をなして平行四辺形を形成している様子を示したものである．この平行四辺形の面積の大きさ $|S|$ を，A_1, A_2 の座標 (x_1, y_1)，(x_2, y_2) を用いて表そう，というのである．求め方は幾通りか

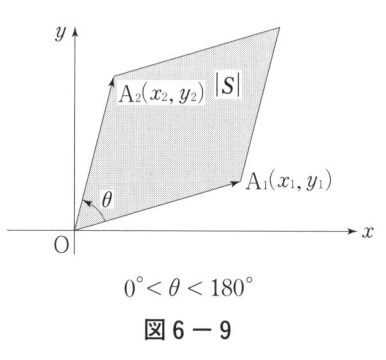

$0° < \theta < 180°$

図 6－9

あるが，ここでは，ベクトルを扱っているのであるから，ベクトルの内積を用いて求めてみる：まず，

$$|S| = |\overrightarrow{OA_1}| \cdot |\overrightarrow{OA_2}| \sin\theta = \sqrt{x_1^2 + y_1^2}\sqrt{x_2^2 + y_2^2}\sin\theta$$

であることは問題ない．つぎに，内積は

$$\overrightarrow{OA_1} \cdot \overrightarrow{OA_2} = x_1 x_2 + y_1 y_2 = |\overrightarrow{OA_1}| \cdot |\overrightarrow{OA_2}| \cos\theta$$

であるから，

$$\sin\theta = \sqrt{1 - \cos^2\theta} = \sqrt{1 - \frac{(x_1 x_2 + y_1 y_2)^2}{(x_1^2 + y_1^2)(x_2^2 + y_2^2)}}$$
$$= \frac{|x_1 y_2 - x_2 y_1|}{\sqrt{(x_1^2 + y_1^2)(x_2^2 + y_2^2)}}.$$

従って $|S|$ は

$$|S| = |x_1 y_2 - x_2 y_1| \qquad (6-2)$$

と表される．（すぐ後に，これらの絶対値記号は外されること

になる.)

そこで, 今度は, **図6−9**にz軸を付加して, z軸の正の向きの単位法線ベクトルを$\vec{k}$と表せば,

$$|S|\vec{k} = |x_1y_2 - x_2y_1|\vec{k} \qquad (6-3)$$

となる. この際, $\vec{k} = (0, 0, 1)$である. 既述のように, 面積ベクトルは2通りある. すなわち,

$$\pm|S|\vec{k} = \pm|x_1y_2 - x_2y_1|\vec{k}.$$

しかし, このように±を伴った表示は煩わしいし, また, これでは, 前に, 平面上で「正の向き」を決めたにもかかわらず, 数学的記述が円滑に進まない. そこで, ±や絶対値記号を外し, 改めて面積ベクトルを

$$S\vec{k} = (x_1y_2 - x_2y_1)\vec{k} \qquad (6-4)$$

と表すことにする. そうすると, $x_1y_2 - x_2y_1 > 0$のときSは正となるので, これを正の向きとすれば, $x_1y_2 - x_2y_1 < 0$では負の向きとなる. そして**式(6−4)**を

$$S\vec{k} = \overrightarrow{OA_1} \times \overrightarrow{OA_2} \qquad (6-5)$$

と表す. ベクトルの内積に対してこれを**ベクトルの外積**という. いま, **式(6−4)**における$x_1y_2 - x_2y_1$を

$$\Delta = \begin{vmatrix} x_1 & x_2 \\ y_1 & y_2 \end{vmatrix} \qquad (6-6)$$

と表そう. そしてベクトルもその成分を縦に並べて

$$\overrightarrow{OA_1} = \begin{pmatrix} x_1 \\ y_1 \end{pmatrix}, \quad \overrightarrow{OA_2} = \begin{pmatrix} x_2 \\ y_2 \end{pmatrix}$$

と表せば, Δは, これらのベクトルをそのまま並べた形になっている. こうして**式(6−5)**の右辺は, **式(6−4)**と**(6−6)**の右辺より

$$\overrightarrow{OA_1} \times \overrightarrow{OA_2} = \begin{vmatrix} x_1 & x_2 \\ y_1 & y_2 \end{vmatrix} \vec{k} \qquad (6-7)$$

と表されることになる．これから

$$-\overrightarrow{OA_1} \times \overrightarrow{OA_2} = \begin{vmatrix} x_2 & x_1 \\ y_2 & y_1 \end{vmatrix} \vec{k} = \overrightarrow{OA_2} \times \overrightarrow{OA_1}$$

が得られるわけである．内積の場合では

$$\overrightarrow{OA_1} \cdot \overrightarrow{OA_2} = \overrightarrow{OA_2} \cdot \overrightarrow{OA_1} \qquad (6-8)$$

であるが，外積の場合では

$$\overrightarrow{OA_1} \times \overrightarrow{OA_2} = -\overrightarrow{OA_2} \times \overrightarrow{OA_1} \qquad (6-9)$$

となる．しかも，内積は実数の値をとるが，外積は，上述からわかるように，ベクトルなのである．しかし，このベクトルは，高校数学でやるふつうのベクトルではなく，ここでは，右ネジが回って進むようなベクトルである．このようなベクトルを**軸性ベクトル**という．これに対してこれまでのふつうのベクトルを**極性ベクトル**という．

かくして，ベクトル $\overrightarrow{OA_1}$, $\overrightarrow{OA_2}$ によって形成される平行四辺形の面積 S は，符号を含めて

$$\begin{aligned} S &= \left(S\vec{k}\right) \cdot \vec{k} = \left(\overrightarrow{OA_1} \times \overrightarrow{OA_2}\right) \cdot \vec{k} \\ &= \begin{vmatrix} x_1 & x_2 \\ y_1 & y_2 \end{vmatrix} = \varDelta \end{aligned} \qquad (6-10)$$

と表されるわけである．これには，$\overrightarrow{OA_1}$ と $\overrightarrow{OA_2}$ のなす角度 θ ($0° < \theta < 180°$) が現れない．もし θ を用いて表すなら，$|S| = |\overrightarrow{OA_1}| \cdot |\overrightarrow{OA_2}| \sin\theta$ であるから，S の正負に応じて

$$S\vec{k} = \overrightarrow{OA_1} \times \overrightarrow{OA_2} = \pm |\overrightarrow{OA_1}| \cdot |\overrightarrow{OA_2}| \sin\theta\, \vec{k} \qquad (6-11)$$

となる．

以上のことを，3次元座標空間における一般の平面の場合に拡張するのは容易である．(計算は複雑にはなるが.)

図6-10において

$$S\vec{n} = \overrightarrow{OA_1} \times \overrightarrow{OA_2} \quad (|\vec{n}|=1)$$

であるから，

$$S = \left(\overrightarrow{OA_1} \times \overrightarrow{OA_2}\right) \cdot \vec{n}$$

となる．これを成分で表すためには，少し準備が要る．

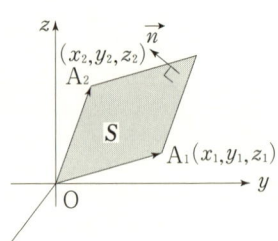

図6-10

いま，x, y, z方向の長さ1の単位ベクトルをそれぞれ$\vec{i}, \vec{j}, \vec{k}$で表そう(**図6-11**)．これらの$\vec{i}, \vec{j}, \vec{k}$は(**単位**)**基本ベクトル**といわれるものである．

xyz座標軸の正の向きは，これまでもそうであったが，右ネジ型のものを用いている．

図6-11

式(6-11)によれば，$S=1$として

$$\vec{k} = \vec{i} \times \vec{j}$$

が得られる．同様に

$$\vec{i} = \vec{j} \times \vec{k}, \quad \vec{j} = \vec{k} \times \vec{i}$$

が得られる．これらを成分で表せば，順に

$$\begin{pmatrix}0\\0\\1\end{pmatrix} = \begin{pmatrix}1\\0\\0\end{pmatrix} \times \begin{pmatrix}0\\1\\0\end{pmatrix}, \quad \begin{pmatrix}1\\0\\0\end{pmatrix} = \begin{pmatrix}0\\1\\0\end{pmatrix} \times \begin{pmatrix}0\\0\\1\end{pmatrix}, \quad \begin{pmatrix}0\\1\\0\end{pmatrix} = \begin{pmatrix}0\\0\\1\end{pmatrix} \times \begin{pmatrix}1\\0\\0\end{pmatrix}$$

ということである．従って一般に

$$\overrightarrow{\mathrm{OA}_1} = \begin{pmatrix} x_1 \\ y_1 \\ z_1 \end{pmatrix} = x_1 \begin{pmatrix} 1 \\ 0 \\ 0 \end{pmatrix} + y_1 \begin{pmatrix} 0 \\ 1 \\ 0 \end{pmatrix} + z_1 \begin{pmatrix} 0 \\ 0 \\ 1 \end{pmatrix}$$

$$= x_1 \vec{i} + y_1 \vec{j} + z_1 \vec{k},$$

$$\overrightarrow{\mathrm{OA}_2} = x_2 \vec{i} + y_2 \vec{j} + z_2 \vec{k}$$

に対して

$$\begin{aligned}
\overrightarrow{\mathrm{OA}_1} \times \overrightarrow{\mathrm{OA}_2} &= x_1 y_2 \vec{i} \times \vec{j} + x_1 z_2 \vec{i} \times \vec{k} \\
&\quad + y_1 x_2 \vec{j} \times \vec{i} + y_1 z_2 \vec{j} \times \vec{k} \\
&\quad + z_1 x_2 \vec{k} \times \vec{i} + z_1 y_2 \vec{k} \times \vec{j} \\
&= (y_1 z_2 - z_1 y_2) \vec{j} \times \vec{k} + (z_1 x_2 - x_1 z_2) \vec{k} \times \vec{i} \\
&\quad + (x_1 y_2 - y_1 x_2) \vec{i} \times \vec{j} \\
&= (y_1 z_2 - y_2 z_1) \vec{i} + (z_1 x_2 - z_2 x_1) \vec{j} \\
&\quad + (x_1 y_2 - x_2 y_1) \vec{k} \\
&= \begin{vmatrix} y_1 & y_2 \\ z_1 & z_2 \end{vmatrix} \vec{i} + \begin{vmatrix} z_1 & z_2 \\ x_1 & x_2 \end{vmatrix} \vec{j} + \begin{vmatrix} x_1 & x_2 \\ y_1 & y_2 \end{vmatrix} \vec{k} \quad (\mathbf{6-12})
\end{aligned}$$

という表式が得られる．ただし，もちろんのことであるが，この計算では

$$\vec{i} \times \vec{i} = \vec{j} \times \vec{j} = \vec{k} \times \vec{k} = \vec{0} = \begin{pmatrix} 0 \\ 0 \\ 0 \end{pmatrix}$$

を用いている．

そして $\vec{n} = \begin{pmatrix} \ell \\ m \\ n \end{pmatrix}$ の件であるが，これを座標 $(x_1,\ y_1,\ z_1)$，$(x_2,$

y_2, z_2) で表すことは，**式（2－4）**を用いても得られるが，**式（6－12）**を用いた方がずっと求めやすい．そこで，**式（6－12）**を

$$\overrightarrow{OA_1} \times \overrightarrow{OA_2} = \Delta_1 \vec{i} + \Delta_2 \vec{j} + \Delta_3 \vec{k} \qquad (6-12)'$$

と表しておこう．

式（6－5）において$S>0$とすれば，これまでの流れより$\overrightarrow{OA_1} \times \overrightarrow{OA_2} /\!/ \vec{n}$（平行）であるべきだから，

$$\begin{aligned}
\vec{n} &= \ell \begin{pmatrix} 1 \\ 0 \\ 0 \end{pmatrix} + m \begin{pmatrix} 0 \\ 1 \\ 0 \end{pmatrix} + n \begin{pmatrix} 0 \\ 0 \\ 1 \end{pmatrix} \\
&= \ell \vec{i} + m \vec{j} + n \vec{k} \\
&= \frac{1}{\sqrt{\Delta_1^2 + \Delta_2^2 + \Delta_3^2}} \left(\Delta_1 \vec{i} + \Delta_2 \vec{j} + \Delta_3 \vec{k} \right) \qquad (6-13)
\end{aligned}$$

と表される．この最後の等式は**式（6－12）'**による．これで$\vec{n}$は(x_1, y_1, z_1)，(x_2, y_2, z_2)で表された．従って

$$\begin{aligned}
S &= \left(\overrightarrow{OA_1} \times \overrightarrow{OA_2} \right) \cdot \vec{n} \\
&= \frac{1}{\sqrt{\Delta_1^2 + \Delta_2^2 + \Delta_3^2}} (\Delta_1^2 + \Delta_2^2 + \Delta_3^2) \\
&= \sqrt{\Delta_1^2 + \Delta_2^2 + \Delta_3^2} \\
&= \sqrt{\begin{vmatrix} y_1 & y_2 \\ z_1 & z_2 \end{vmatrix}^2 + \begin{vmatrix} z_1 & z_2 \\ x_1 & x_2 \end{vmatrix}^2 + \begin{vmatrix} x_1 & x_2 \\ y_1 & y_2 \end{vmatrix}^2} \qquad (6-14)
\end{aligned}$$

ということで，$S (>0)$がA_1，A_2の座標で表されたことになる．

2次元から3次元に移っただけなのだが，**式（6－2）**に比べたら，**式（6－14）**はかなり複雑に見えるであろう．

数学では，座標軸が2本の世界から3本の世界に移る，というのは，表面的にはたった1本の座標軸が増えただけのことな

のだが，内容的には大変なことが増える，ということがこれまでの記述からもわかっていただけたであろう．「座標軸」というものは，その中の点(や図形)の自由度の大きさを象徴するものである．座標空間の次元が大きくなればなるほど，その中の点の行動範囲も大きくなって自由度が増す．だから，内容が複雑になりやすいわけである．しかし，その分，また，数学的におもしろいことも沢山生じる．数学が高次元あるいは無限次元という世界に向かって成長してゆくのは，この所以なのである．

2次元から3次元に移っただけで，どんな幾何学的現象が起こるのか，その端的例を挙げておこう．**図6-12**は，xy座標平面の位置 P_0 からスタートして，点 Q をうんと小さく1周して曲線 C を描いて運動する様子を表している．その運動点は，自分の走ってきたある位置を再び踏んでいる．このような位置を**自交点**というが，Q の回りをうんと小さく回る以上，自交点の生じることは避けられない．

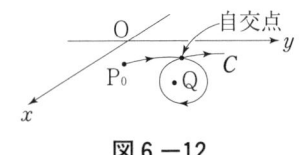

しかし，xyz 座標空間ではどうなるか．**図6-13**は，その運動点が Q の回りをうんと小さく回りつつも z 方向に舞い上がっていく様子を表している．今度は，自交点を避けた曲線が描かれるわけである．座標空間の次元の違いで，図形の様々な振舞いの違いや特性が研究できる，それは広い意味での**位相幾何学(トポロジー)**という分野に属することである．いずれ，これらについても少し語るかもしれない．

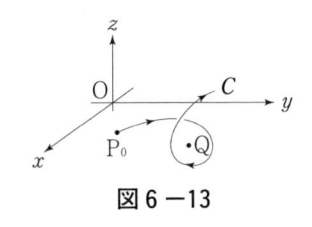

7 行列式

行列式は，これだけで一つの閉じた記述ができるものである．見通しよくやるには線型代数が必要ではあるが．

行列式の発見においては，日本の江戸期の和算数学者**関孝和**（1642年頃〜1708年）が，世界史的に，最も早い，ということが知られている．西洋では，行列式は，ライプニッツが先覚者のようであるが，事実上は，1700年代前半，スイスの数学者**クラマー（G. Cramer）**によって見出されている．だから，リーマンは，行列式についてはちゃんと存じていたわけである．いずれにせよ，行列式は，イギリスの数学者**ケイリー（A. Cayley）**による**行列の発見**（1858年）に比べると，大分，早くからあったことになる．

和算における行列式論は，かなりの程度まで進んでいて，関の後を継いだ**久留島義太**は，フランスの数学者**ラプラス（P. S. Laplace）**の見出した行列式のラプラス展開を，実は，より先に見出していたことが知られている．しかし，西洋の数学と隔絶していた当時の状態では，どうしても，あるところで限界にぶつかってしまう．こうして縦に成長できなくなった和算は，必然的に，横に走るようになってしまった．つまり，西洋の**理論的数学**のような進展ができず，奇怪な難問を解く腕比べである**解法数学**の方に走ってしまったのである．こうして和算は，四則代数計算の域に止まって，終焉を迎える運命を余儀なくされてしまった．「関の数学への思い」は純なものであったろうが，結局，その後の弟子達は，その思いをよく進展せしめ得なかった．行列式が見出されていたのなら，線型代数まで進展して然るべきなのであるが，そうならなかったのは，和算家達は，

座標軸を発案できなかったからでもあろう．

　座標軸は，非常に強力な手段である，というのは，これまでの本著の記述からもわかっていただけたであろう．本著の流れでは，行列式は座標軸の方から導入されている：**式（6－6）**，これは，最も簡単な行列式である．そこで，これから行列式について，座標幾何の方から説明してゆくことにする．

　第6節では，平行四辺形の面積から行列式が導入されている．それを **2次の行列式** という．──**式（6－10）**及び**（6－14）**を再参照．
そうすると，この類推から，「平行六面体の体積から3次の行列式が現れそうだ」，と予想されるであろう．そうである．

　図7－1は，四つの頂点をO，A_1，A_2，A_3 とする平行六面体であって，$\vec{n}$ は $\overrightarrow{OA_1}$，$\overrightarrow{OA_2}$ に垂直な単位ベクトルである．
この平行六面体の体積 V は

$$V = (\overrightarrow{OA_1} \times \overrightarrow{OA_2}) \cdot \overrightarrow{OA_3} \qquad (7－1)$$

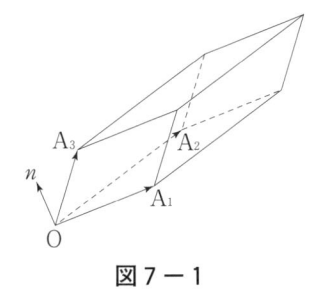

図7－1

である．（ついでに，四面体 $OA_1A_2A_3$ の体積は $V/6$．）
いま，この平行六面体が，その頂点Oを原点とする xyz 座標空間にあるとし，そして頂点 A_1，A_2，A_3 の各座標を (x_1, y_1, z_1)，(x_2, y_2, z_2)，(x_3, y_3, z_3) とする．目的は，**式（7－1）**をこれらの座標で表そう，というわけである．

　$\overrightarrow{OA_1} \times \overrightarrow{OA_2}$ は **式（6－12）′** で求められてある．
また，

$$\overrightarrow{OA_3} = x_3\vec{i} + y_3\vec{j} + z_3\vec{k}$$

であるから，

$$\left(\overrightarrow{OA_1} \times \overrightarrow{OA_2}\right) \cdot \overrightarrow{OA_3} = x_3\mathit{\Delta}_1 + y_3\mathit{\Delta}_2 + z_3\mathit{\Delta}_3 \qquad (7-2)$$

となる．これは，$\overrightarrow{OA_1} \times \overrightarrow{OA_2}$ を三つの2次の行列式で展開したものと見れる．この式をバラしてみると，

$$\left(\overrightarrow{OA_1} \times \overrightarrow{OA_2}\right) \cdot \overrightarrow{OA_3} = x_1 y_2 z_3 - x_3 y_2 z_1 + x_3 y_1 z_2 - x_1 y_3 z_2$$
$$+ x_2 y_3 z_1 - x_2 y_1 z_3 \qquad (7-2)'$$

となる．この式においては，異なる文字は9個，項の数は6個の多項式である．そしてどの文字についても1次であって，従って各項は$1+1+1=3$という3次の同次積である．だから，(**7-2**)′のような式を**3次の同次多項式**という．しかも，これは，次のような文字の同時入替えによって符号が変わる：

$$\begin{array}{c} \overset{\text{入替え}}{}\\ x_1 \longleftrightarrow x_2 \\ y_1 \longleftrightarrow y_2 \\ z_1 \longleftrightarrow z_2. \end{array}$$

具体的に示してみれば，

$$x_2 y_1 z_3 - x_3 y_1 z_2 + x_3 y_2 z_1 - x_2 y_3 z_1$$
$$+ x_1 y_3 z_2 - x_1 y_2 z_3 = -\left(\overrightarrow{OA_1} \times \overrightarrow{OA_2}\right) \cdot \overrightarrow{OA_3}$$

ということである．この上式は，$\overrightarrow{OA_1}$ と $\overrightarrow{OA_2}$ の順入替えと同じこと：

$$\left(\overrightarrow{OA_2} \times \overrightarrow{OA_1}\right) \cdot \overrightarrow{OA_3} = -\left(\overrightarrow{OA_1} \times \overrightarrow{OA_2}\right) \cdot \overrightarrow{OA_3}.$$

元に戻って**式(7-2)′**であるが，その式で

$$x_2 \longleftrightarrow x_3$$

$$y_2 \longleftrightarrow y_3$$
$$z_2 \longleftrightarrow z_3$$

という同時入替えをする,ということは,$\overrightarrow{OA_2}$と$\overrightarrow{OA_3}$の順入替えと同じことで,結局,

$$\left(\overrightarrow{OA_1} \times \overrightarrow{OA_3}\right) \cdot \overrightarrow{OA_2} = -\left(\overrightarrow{OA_1} \times \overrightarrow{OA_2}\right) \cdot \overrightarrow{OA_3}.$$

そうすると,

$$\left(\overrightarrow{OA_2} \times \overrightarrow{OA_1}\right) \cdot \overrightarrow{OA_3} = \left(\overrightarrow{OA_1} \times \overrightarrow{OA_3}\right) \cdot \overrightarrow{OA_2}$$

という結果が得られる.これに加えて

$$\left(\overrightarrow{OA_3} \times \overrightarrow{OA_2}\right) \cdot \overrightarrow{OA_1} = -\left(\overrightarrow{OA_1} \times \overrightarrow{OA_2}\right) \cdot \overrightarrow{OA_3}$$

というのも,最早,明らかであろう.

　式(7−2)′の左辺を,ここでは,$\Delta(A_1, A_2, A_3)$と表すことにしよう.されば,以上のことは,$\Delta(A_1, A_2, A_3)$においてA_1, A_2, A_3のどの二つを入替えても符号が変化すること,そして

$$\Delta(A_1, A_2, A_3) = \Delta(A_2, A_3, A_1)$$
$$= \Delta(A_3, A_1, A_2),$$

ということで,つまり,A_1, A_2, A_3についてサイクリックに入替えをするなら,その符号(と値)は変わらない,ということでまとめ上げられるのである.

すぐ上で述べたように,$\Delta(A_1, A_2, A_3)$はA_1, A_2, A_3のどの二つを入替えても符号が変化する.このような性質を**交代性**という.それゆえ**式(7−2)′**は**3次の同次交代式**という.

　このような表記をするなら,**式(6−10)**は$\Delta(A_1, A_2)$と表されることになる:

$$\Delta(A_1, A_2) = x_1 y_2 - x_2 y_1 = \begin{vmatrix} x_1 & x_2 \\ y_1 & y_2 \end{vmatrix}$$

は**2次の同次交代式**である．

これにかんがみて**式（7－2）′**を

$$\Delta(A_1, A_2, A_3) = \begin{vmatrix} x_1 & x_2 & x_3 \\ y_1 & y_2 & y_3 \\ z_1 & z_2 & z_3 \end{vmatrix} \tag{7－3}$$

と表す．これが，**式（7－2）′**の右辺を与えるように展開する便法がある．こういう非論理的な処方を仕込むのは，本当は，望ましいことではないのだが，ここは，行列式をきちんとした定義に基づいて説明しているわけではないので，その便法を用いることにする．それは，**たすきがけの方法**である：

$$\Delta(A_1, A_2) = \begin{vmatrix} x_1 & x_2 \\ y_1 & y_2 \end{vmatrix}.$$

$$\Delta(A_1, A_2, A_3) = \begin{vmatrix} x_1 & x_2 & x_3 \\ y_1 & y_2 & y_3 \\ z_1 & z_2 & z_3 \end{vmatrix}.$$

見れば明らかであろうが，実線部の積には正の，点線部の積には負の符号を付して加えてゆけばよい．この便法は，**サラス（Sarrus）の方法**といわれるものであるが，3次の行列式までの単なる処方であって，4次以上の行列式には用いることはできない，ということを注記しておく．

3次の行列式の例として

$$\begin{vmatrix} 1 & x & x^2 \\ 1 & y & y^2 \\ 1 & z & z^2 \end{vmatrix}$$

というものがある．これは，展開すると，

$$yz^2 + zx^2 + xy^2 - zy^2 - yx^2 - xz^2 = (x-y)(y-z)(z-x)$$

となる．昔から大学入試などでよく見かけられる整式の問題等は，このような背景から出題されているのである．

以下に，行列式について若干の公式を並べておく：

$$\begin{vmatrix} kx_1 & x_2 & x_3 \\ ky_1 & y_2 & y_3 \\ kz_1 & z_2 & z_3 \end{vmatrix} = k \begin{vmatrix} x_1 & x_2 & x_3 \\ y_1 & y_2 & y_3 \\ z_1 & z_2 & z_3 \end{vmatrix}. \quad (7-4)$$

$$\begin{vmatrix} x_1+a_1 & x_2 & x_3 \\ y_1+b_1 & y_2 & y_3 \\ z_1+c_1 & z_2 & z_3 \end{vmatrix} = \begin{vmatrix} x_1 & x_2 & x_3 \\ y_1 & y_2 & y_3 \\ z_1 & z_2 & z_3 \end{vmatrix} + \begin{vmatrix} a_1 & x_2 & x_3 \\ b_1 & y_2 & y_3 \\ c_1 & z_2 & z_3 \end{vmatrix}. \quad (7-5)$$

$$\begin{vmatrix} x_1 & x_2 & x_3 \\ y_1 & y_2 & y_3 \\ z_1 & z_2 & z_3 \end{vmatrix} = - \begin{vmatrix} y_1 & y_2 & y_3 \\ x_1 & x_2 & x_3 \\ z_1 & z_2 & z_3 \end{vmatrix}. \quad (7-6)$$

この最後の等式は，行列式のもつ交代性は行に関しても成り立つことを示している．

8 連立1次方程式と行列式

クラマーが行列式を見出した元々の動機は連立1次方程式にあった．

まず，最も簡単な連立1次方程式は a_i, b_i, c_i ($i=1, 2$) を（実数の）定数として

$$\begin{cases} a_1 x + b_1 y = c_1 & \cdots\cdots ① \\ a_2 x + b_2 y = c_2 & \cdots\cdots ② \end{cases} \quad (8-1)$$

という x, y に関する方程式である．この x を求めるには，①×b_2+②×$(-b_1)$ として

$$(a_1 b_2 - a_2 b_1)x = c_1 b_2 - c_2 b_1$$

とすればよい．これは，既にやってある行列式で表すなら，

$$\begin{vmatrix} a_1 & b_1 \\ a_2 & b_2 \end{vmatrix} x = \begin{vmatrix} c_1 & b_1 \\ c_2 & b_2 \end{vmatrix} \tag{8-2}$$

ということである．同様に y については，①×$(-a_2)$＋②×a_1 として

$$\begin{vmatrix} a_1 & b_1 \\ a_2 & b_2 \end{vmatrix} y = \begin{vmatrix} a_1 & c_1 \\ a_2 & c_2 \end{vmatrix}. \tag{8-3}$$

こうして**式（8－2）と（8－3）**を見れば，左辺における行列式は全く同じで，右辺においては $\begin{pmatrix} c_1 \\ c_2 \end{pmatrix}$ の位置がそれぞれ1列目，2列目にきていることがわかる．行列式にして表すと，非常に見やすいであろう．

つぎに簡単な連立1次方程式は a_i, b_i, c_i, d_i $(i=1, 2, 3)$ を（実数の）定数として

$$\begin{cases} a_1 x + b_1 y + c_1 z = d_1 & \cdots\cdots ① \\ a_2 x + b_2 y + c_2 z = d_2 & \cdots\cdots ② \\ a_3 x + b_3 y + c_3 z = d_3 & \cdots\cdots ③ \end{cases} \tag{8-4}$$

という x, y, z に関する方程式である．

今度は，前のように，簡単にはゆかない．ガチャガチャと計算していれば，いつかは，解は求まるが，それでは数学とはいえない．そういう計算だけでは，4元連立1次方程式，5元連立1次方程式，…になるほど，もて余してしまうであろうし，一般の n 元連立1次方程式の解を表すことは不可能であろう．従って一般の場合に通じるような手立てを考えなくてはならない．**方程式（8－1）**の解を求めるべく，**式（8－2），（8－3）**のように表したのは，そうすることによって見通しがよくなる

ことを期待したからである．これらの類推からすれば，**方程式(8－4)**は

$$\begin{vmatrix} a_1 & b_1 & c_1 \\ a_2 & b_2 & c_2 \\ a_3 & b_3 & c_3 \end{vmatrix} x = \begin{vmatrix} d_1 & b_1 & c_1 \\ d_2 & b_2 & c_2 \\ d_3 & b_3 & c_3 \end{vmatrix} \qquad (8-5)$$

$$\begin{vmatrix} a_1 & b_1 & c_1 \\ a_2 & b_2 & c_2 \\ a_3 & b_3 & c_3 \end{vmatrix} y = \begin{vmatrix} a_1 & d_1 & c_1 \\ a_2 & d_2 & c_2 \\ a_3 & d_3 & c_3 \end{vmatrix} \qquad (8-6)$$

$$\begin{vmatrix} a_1 & b_1 & c_1 \\ a_2 & b_2 & c_2 \\ a_3 & b_3 & c_3 \end{vmatrix} z = \begin{vmatrix} a_1 & b_1 & d_1 \\ a_2 & b_2 & d_2 \\ a_3 & b_3 & d_3 \end{vmatrix} \qquad (8-7)$$

と表されそうだ，と予想がつくであろう．しかし，どうやってこれを導くか．上述のように，ガチャガチャと計算するのでは，一般の場合に通じるような手立てにはならない．そこで，**式(8－1)**を変形する際のやり方（消去法）をよくよく顧みることにする．①×b_2＋②×$(-b_1)$というやり方で得ている$a_1 b_2 - a_2 b_1$を小行列式で展開できないか．つまり

$$\begin{vmatrix} a_1 & b_1 \\ a_2 & b_2 \end{vmatrix} = a_1 b_2 + a_2(-b_1)$$

$$= a_1 \begin{vmatrix} a_1 \cdots b_1 \\ a_2 & b_2 \end{vmatrix} + a_2 \begin{vmatrix} a_1 & b_1 \\ a_2 \cdots b_2 \end{vmatrix}$$

$$= a_1 |b_2| + a_2(-1)|b_1|$$

とするのはどうか？，ということである．点線で結んだ成分は抹消されて小行列式 $|b_2|$, $|b_1|$ が現れる，と見るのである．（絶対値記号ではない！）あとは，係数に伴う"-1"であるが，これは

$$a_1(-1)^{1+1}|b_2| + a_2(-1)^{2+1}|b_1|$$

と見ればよさそうである．$(-1)^{1+1}$ は，a_1 が行列式の$(1, 1)$-成分であることに，また，$(-1)^{2+1}$ は，a_2 が行列式の$(2, 1)$-

成分であることから予想されよう．これらがこじつけでなければよいのだが．

　ということで，さっそく，**式（8－4）**に対して同様のことをやってみる：

$$\begin{vmatrix} a_1 & b_1 & c_1 \\ a_2 & b_2 & c_2 \\ a_3 & b_3 & c_3 \end{vmatrix} = a_1 \begin{vmatrix} a_1 \cdots b_1 \cdots c_1 \\ a_2 & b_2 & c_2 \\ a_3 & b_3 & c_3 \end{vmatrix} + a_2 \begin{vmatrix} a_1 & b_1 & c_1 \\ a_2 \cdots b_2 \cdots c_2 \\ a_3 & b_3 & c_3 \end{vmatrix} + a_3 \begin{vmatrix} a_1 & b_1 & c_1 \\ a_2 & b_2 & c_2 \\ a_3 \cdots b_3 \cdots c_3 \end{vmatrix}$$

$$= a_1(-1)^{1+1}\begin{vmatrix} b_2 & c_2 \\ b_3 & c_3 \end{vmatrix} + a_2(-1)^{2+1}\begin{vmatrix} b_1 & c_1 \\ b_3 & c_3 \end{vmatrix}$$
$$\qquad\qquad + a_3(-1)^{3+1}\begin{vmatrix} b_1 & c_1 \\ b_2 & c_2 \end{vmatrix}$$

$$= a_1\begin{vmatrix} b_2 & c_2 \\ b_3 & c_3 \end{vmatrix} + a_2(-1)\begin{vmatrix} b_1 & c_1 \\ b_3 & c_3 \end{vmatrix} + a_3\begin{vmatrix} b_1 & c_1 \\ b_2 & c_2 \end{vmatrix}.$$

（8－8）

どうやら，こんな式は見たことがある，それはどこだったか？　そう，**式（7－2）′**である．そこでの x，y，z が記号 a，b，c に置き換わっているだけである．とすれば，**式（8－8）**は正しい．その過程はともかくとして，3次の行列式は2次の小行列式で展開された，というのは確かである．そしてこの後は？　そう急いてはならない．もう一度，2次の行列式の方を振り返ってみる．いま，

$$a_1(-1)^{1+1}|b_2| + a_2(-1)^{2+1}|b_1| = a_1 A_1 + a_2 A_2$$

と表そう．そうすると，その消去法では，①×A_1＋②×A_2 から**式（8－2）**が得られていることになる．再び，類推法を適用する．

　式（8－8）において

$$a_1(-1)^{1+1}\begin{vmatrix} b_2 & c_2 \\ b_3 & c_3 \end{vmatrix} + a_2(-1)^{2+1}\begin{vmatrix} b_1 & c_1 \\ b_3 & c_3 \end{vmatrix} + a_3(-1)^{3+1}\begin{vmatrix} b_1 & c_1 \\ b_2 & c_2 \end{vmatrix}$$

$$= a_1A_1 + a_2A_2 + a_3A_3 \qquad (8-9)$$

と表す．そして**式(8-4)**において，①$\times A_1 +$ ②$\times A_2 +$ ③$\times A_3$
とする：

$$a_1A_1x + b_1A_1y + c_1A_1z = d_1A_1$$
$$a_2A_2x + b_2A_2y + c_2A_2z = d_2A_2$$
$$+\underline{)\ a_3A_3x + b_3A_3y + c_3A_3z = d_3A_3} \quad .$$

この計算において

$$(b_1A_1 + b_2A_2 + b_3A_3)y$$
$$= \left(b_1\begin{vmatrix}b_2 & c_2 \\ b_3 & c_3\end{vmatrix} - b_2\begin{vmatrix}b_1 & c_1 \\ b_3 & c_3\end{vmatrix} + b_3\begin{vmatrix}b_1 & c_1 \\ b_2 & c_2\end{vmatrix}\right)y$$
$$= \{b_1(b_2c_3 - b_3c_2) - b_2(b_1c_3 - b_3c_1) + b_3(b_1c_2 - b_2c_1)\}y$$
$$= 0y = 0$$

となる．同様に

$$(c_1A_1 + c_2A_2 + c_3A_3)z = 0$$

となる．従って

$$(a_1A_1 + a_2A_2 + a_3A_3)x = d_1A_1 + d_2A_2 + d_3A_3$$

が得られる．**式(8-9)**と**(8-8)**よりこれは

$$\begin{vmatrix}a_1 & b_1 & c_1 \\ a_2 & b_2 & c_2 \\ a_3 & b_3 & c_3\end{vmatrix}x = \begin{vmatrix}d_1 & b_1 & c_1 \\ d_2 & b_2 & c_2 \\ d_3 & b_3 & c_3\end{vmatrix}$$

ということであり，こうして**式(8-5)**が得られたわけになる．**式(8-6)**，**(8-7)**も同様にして得られる．

すぐ前の二つの波線（～～～）からすれば，このやり方はこじつけではなさそうである．もっともサラスの方法が3次の行列式までのこじつけであるから，即断はできないが，ともかく，4元連立1次方程式については，やってみる甲斐はあるので，

これは，読者の演習に致そう．

上式で導入した記号 A_1, A_2, A_3 は，それぞれ，行列式
$$\begin{vmatrix} a_1 & b_1 & c_1 \\ a_2 & b_2 & c_2 \\ a_3 & b_3 & c_3 \end{vmatrix} = |A| \quad (と表す)$$
における a_1, a_2, a_3 の**余因数**といわれるものである．(2次の行列式においても同様．) これまでのような連立方程式を解く際の消去法は，適当な余因数を各式に掛けて足す，ということによって明快に説明されるわけである．

方程式（8－1）を表す式（8－2）と（8－3），また，方程式（8－4）を表す式（8－5）〜（8－7）は，クラマーの公式といわれる．$|A| \neq 0$ であれば解はピシッと決まる．

ひとつ簡単な問題を，クラマーの公式で解いておこう．a, b, c を定数として x, y, z に関する3元連立1次方程式
$$\begin{cases} x+y+z=1 \\ ax+by+cz=1 \\ a^2x+b^2y+c^2z=1 \end{cases}, \quad \begin{vmatrix} 1 & 1 & 1 \\ a & b & c \\ a^2 & b^2 & c^2 \end{vmatrix} \neq 0$$
は，クラマーの公式により
$$\begin{vmatrix} 1 & 1 & 1 \\ a & b & c \\ a^2 & b^2 & c^2 \end{vmatrix} x = \begin{vmatrix} 1 & 1 & 1 \\ 1 & b & c \\ 1 & b^2 & c^2 \end{vmatrix},$$
$$\begin{vmatrix} 1 & 1 & 1 \\ a & b & c \\ a^2 & b^2 & c^2 \end{vmatrix} y = \begin{vmatrix} 1 & 1 & 1 \\ a & 1 & c \\ a^2 & 1 & c^2 \end{vmatrix},$$

$$\begin{vmatrix} 1 & 1 & 1 \\ a & b & c \\ a^2 & b^2 & c^2 \end{vmatrix} z = \begin{vmatrix} 1 & 1 & 1 \\ a & b & 1 \\ a^2 & b^2 & 1 \end{vmatrix}.$$

この第1式は

$$(a-b)(b-c)(c-a)x = (b-c)(c-1)(1-b)$$

となるから, $(a-b)(b-a)(c-a) \neq 0$ より

$$x = \frac{(1-b)(c-1)}{(c-a)(a-b)}.$$

そして第2, 第3式より

$$y = \frac{(1-c)(a-1)}{(a-b)(b-c)}, \quad z = \frac{(1-a)(b-1)}{(b-c)(c-a)}.$$

これまでの連立1次方程式において, もし $|A|=0$ であればどうなるか. 式(8-1)や(8-4)のように右辺が0とは限らないときは場合分けが少々煩わしい.

しかし, それらの右辺が全て0であるときは, 式(8-2)と(8-3)あるいは式(8-5)〜(8-7)からわかるように, 一般に解としての x, y あるいは x, y, z が無数に存在する. このことは, 解が $(x, y)=(0, 0)$ あるいは $(x, y, z)=(0, 0, 0)$ という自明な解でなくてもよいことをも意味する. 逆に $(x, y) \neq (0, 0)$ あるいは $(x, y, z) \neq (0, 0, 0)$ なる解があれば, いずれにせよ, $|A|=0$ でなくてはならない. このことは, きちんと踏まえておかれたい.

例えば, 3元連立1次方程式

$$\begin{cases} x+y+z=0 \\ ax+by+cz=0 \\ a^2x+b^2y+c^2z=0 \end{cases}$$

の場合では,

$$\begin{vmatrix} 1 & 1 & 1 \\ a & b & c \\ a^2 & b^2 & c^2 \end{vmatrix} x = 0,$$

(y, z についても同様)

となるが，$x \neq 0$ という解が存在するためには

$$\begin{vmatrix} 1 & 1 & 1 \\ a & b & c \\ a^2 & b^2 & c^2 \end{vmatrix} = 0$$

でなくてはならない，ということである．

次節では，このようなことを踏まえて，座標空間における図形の方程式を見直してみることにする．

9 座標空間における図形の方程式と行列式

これまでの叙述で，行列式のもつ意義の大きさはわかっていただけたであろう．連立1次方程式を行列式で表したのは，単にそのような方程式だけの便宜のためではなく，上述のように，座標空間での図形の方程式を見通しよく表示するためでもある．

その手始めとして，xy 座標平面内における直線の方程式を扱ってみる．

xy 座標平面における直線の方程式の一般形は，$(a, b) \neq (0, 0)$ として

$$L: ax+by+c = 0 \qquad (9-1)$$

という表式で与えられる．直線の方程式は，それが通る相異なる2点の座標が与えられれば決まる：直線 L が2点 (x_1, y_1),

(x_2, y_2) を通るとすれば，**式 (9 − 1)** より
$$ax_1 + by_1 + c = 0, \qquad (9-2)$$
$$ax_2 + by_2 + c = 0 \qquad (9-3)$$
を満たさねばならない．**式 (9 − 1)** 〜 **(9 − 3)** を
$$\begin{cases} xa + yb + c = 0 \\ x_1 a + y_1 b + c = 0 \\ x_2 a + y_2 b + c = 0 \end{cases}$$
として表記を改める．これは着眼の切り換えである．こうすることによって上3式は a, b, c に関する3元連立1次方程式と見れる．そしてこれから (x, y), (x_1, y_1), (x_2, y_2) の満たすべき条件として
$$\begin{vmatrix} x & y & 1 \\ x_1 & y_1 & 1 \\ x_2 & y_2 & 1 \end{vmatrix} = 0 \qquad (9-4)$$
が得られる．これが，2点 (x_1, y_1), (x_2, y_2) を通る直線の方程式に他ならない．一見して，「これが，本当に，直線の方程式か？」，と思われるなら，実際に展開してみればよい：

$$0 = \begin{vmatrix} x & y & 1 \\ x_1 & y_1 & 1 \\ x_2 & y_2 & 1 \end{vmatrix} = \begin{vmatrix} 1 \cdots x \cdots y \\ 1 & x_1 & y_1 \\ 1 & x_2 & y_2 \end{vmatrix} - \begin{vmatrix} \vdots & x & y \\ 1 \cdots x_1 \cdots y_1 \\ 1 & x_2 & y_2 \end{vmatrix} + \begin{vmatrix} \vdots & x & y \\ 1 & x_1 & y_1 \\ 1 \cdots x_2 \cdots y_2 \end{vmatrix}$$

$$= x_1 y_2 - x_2 y_1 - (xy_2 - x_2 y) + (xy_1 - x_1 y)$$
$$= (y_1 - y_2) x + x_2 (y - y_1) + x_1 y_2 - x_1 y + x_1 y_1 - x_1 y_1$$
$$= (y_1 - y_2) x + x_2 (y - y_1) + x_1 (y_2 - y_1) + x_1 (y_1 - y)$$
$$= (y_1 - y_2)(x - x_1) + (x_2 - x_1)(y - y_1).$$

もし $x_1 \neq x_2$ であれば，これは
$$y - y_1 = \frac{y_2 - y_1}{x_2 - x_1}(x - x_1)$$
となって，めでたし，めでたし，か．

ここでは，3次の行列式を展開するのにサラスの方法は用いなかった．（読者も，この方法にはあまり頼らない方がよい.）このようなものを用いても数学的によいことは何一つ得られないからである．頭を使わず，ただ機械的計算に走るようになるなら，むしろマイナスの効果が大きい，というもの．（だから，自著には，そのようなものをあまり組み入れたくないのである.）サラスの方法でやるくらいなら，行列式の性質（**7－4**）〜（**7－6**）を用いて，次のように変形する方がずっとよい：

$$
0 = \begin{vmatrix} x & y & 1 \\ x_1 & y_1 & 1 \\ x_2 & y_2 & 1 \end{vmatrix} = \begin{vmatrix} x-x_1 & y-y_1 & 0 \\ x_1 & y_1 & 1 \\ x_2 & y_2 & 1 \end{vmatrix}
$$

$$
= \begin{vmatrix} x-x_1 & y-y_1 & 0 \\ x_1-x_2 & y_1-y_2 & 0 \\ x_2 & y_2 & 1 \end{vmatrix} = \begin{vmatrix} x-x_1 & y-y_1 \\ x_1-x_2 & y_1-y_2 \end{vmatrix}
$$

$$
= (x-x_1)(y_1-y_2) - (x_1-x_2)(y-y_1).
$$

次は，xy 座標平面における放物線の方程式を扱ってみる．

xy 座標平面における放物線の方程式の一般形は $a \neq 0$ として

$$P: ax^2 + bx + c + y = 0 \tag{9－5}$$

という表式で与えられる．これは，それが通る相異なる3点 (x_1, y_1), (x_2, y_2), (x_3, y_3) が与えられれば決まる：**式（9－5）**より

$$
\begin{cases} x^2 a + x b + c + y = 0 \\ x_1^2 a + x_1 b + c + y_1 = 0 \\ x_2^2 a + x_2 b + c + y_2 = 0 \\ x_3^2 a + x_3 b + c + y_3 = 0. \end{cases}
$$

従って前と同様にして

$$\begin{vmatrix} x^2 & x & 1 & y \\ x_1{}^2 & x_1 & 1 & y_1 \\ x_2{}^2 & x_2 & 1 & y_2 \\ x_3{}^2 & x_3 & 1 & y_3 \end{vmatrix} = 0 \tag{9-6}$$

が得られる．ついに4次の行列式が現れた．しかし，行列式の展開の仕方はこれまでと同様である．今度は，1行目で展開する：

$$0 = \begin{vmatrix} x_1 & 1 & y_1 \\ x_2 & 1 & y_2 \\ x_3 & 1 & y_3 \end{vmatrix} x^2 - \begin{vmatrix} x_1{}^2 & 1 & y_1 \\ x_2{}^2 & 1 & y_2 \\ x_3{}^2 & 1 & y_3 \end{vmatrix} x$$
$$+ \begin{vmatrix} x_1{}^2 & x_1 & y_1 \\ x_2{}^2 & x_2 & y_2 \\ x_3{}^2 & x_3 & y_3 \end{vmatrix} - \begin{vmatrix} x_1{}^2 & x_1 & 1 \\ x_2{}^2 & x_2 & 1 \\ x_3{}^2 & x_3 & 1 \end{vmatrix} y.$$

この右辺第4項に，**第7節**の後の方で見られた行列式が現れた．この式は，このままの形がきれいであるから，これ以上の展開はしない方がよいだろう．この式において，これが放物線の方程式になる条件，すなわち，$(x_1, y_1), (x_2, y_2), (x_3, y_3)$の満たすべき条件は

$$\begin{vmatrix} x_1 & 1 & y_1 \\ x_2 & 1 & y_2 \\ x_3 & 1 & y_3 \end{vmatrix} \neq 0 \quad \text{かつ} \quad \begin{vmatrix} x_1{}^2 & x_1 & 1 \\ x_2{}^2 & x_2 & 1 \\ x_3{}^2 & x_3 & 1 \end{vmatrix} \neq 0$$

であることに注意されたい．従って**式（9-5）**における係数 a の値は

$$a = \begin{vmatrix} x_1 & y_1 & 1 \\ x_2 & y_2 & 1 \\ x_3 & y_3 & 1 \end{vmatrix} \Bigg/ \begin{vmatrix} x_1{}^2 & x_1 & 1 \\ x_2{}^2 & x_2 & 1 \\ x_3{}^2 & x_3 & 1 \end{vmatrix}$$

で与えられることになる．

　高校数学で a を求めるには，とにかく，ガチャガチャと計

算して煩雑な結果を求めて終わりであろうが、行列式によれば、かくも、スピーディにかつ美しさを伴って求められる．これは、「数学」というものの大きな魅力の一つといえるだろう．

さて、今度は、xyz 座標空間における図形として平面を扱ってみる．

平面の方程式は、それが通る1点と法線の方向余弦が与えられれば決まるが、ここでは、相異なる3点で決まることを行列式で表してみる：そのやり方は、これまでと同様である．

xyz 平面における平面の方程式の一般形は $(a, b, c) \neq (0, 0, 0)$ として

$$\Pi : ax + by + cz + d = 0 \quad (9-7)$$

という表式で与えられる．この平面が通る相異なる3点を (x_i, y_i, z_i) $(i = 1, 2, 3)$ とすれば、**式(9−7)** より

$$\begin{cases} xa + yb + zc + d = 0 \\ x_1 a + y_1 b + z_1 c + d = 0 \\ x_2 a + y_2 b + z_2 c + d = 0 \\ x_3 a + y_3 b + z_3 c + d = 0. \end{cases}$$

従ってこれまでと同様にして

$$\begin{vmatrix} x & y & z & 1 \\ x_1 & y_1 & z_1 & 1 \\ x_2 & y_2 & z_2 & 1 \\ x_3 & y_3 & z_3 & 1 \end{vmatrix} = 0 \quad (9-8)$$

が得られる．形としてはこれが最もきれいではあるが、実用的には、以下のように行列式の次数を下げた方がよい：

$$\begin{vmatrix} x - x_1 & y - y_1 & z - z_1 \\ x_2 - x_1 & y_2 - y_1 & z_2 - z_1 \\ x_3 - x_1 & y_3 - y_1 & z_3 - z_1 \end{vmatrix} = 0. \quad (9-9)$$

この式は

$$\begin{vmatrix} y_2-y_1 & z_2-z_1 \\ y_3-y_1 & z_3-z_1 \end{vmatrix}(x-x_1) + \begin{vmatrix} x_2-x_1 & z_2-z_1 \\ x_3-x_1 & z_3-z_1 \end{vmatrix}(y-y_1)$$
$$+ \begin{vmatrix} x_2-x_1 & y_2-y_1 \\ x_3-x_1 & y_3-y_1 \end{vmatrix}(z-z_1) = 0 \qquad (9-10)$$

ということであり,**式(2-4)**からもわかるように,この平面 Π の法線の方向余弦はそれぞれ

$$\ell \propto \begin{vmatrix} y_2-y_1 & z_2-z_1 \\ y_3-y_1 & z_3-z_1 \end{vmatrix},\ m \propto \begin{vmatrix} x_2-x_1 & z_2-z_1 \\ x_3-x_1 & z_3-z_1 \end{vmatrix},$$
$$n \propto \begin{vmatrix} x_2-x_1 & y_2-y_1 \\ x_3-x_1 & y_3-y_1 \end{vmatrix}$$

として定まる.

 そうすると,今度は,この平面 Π の法線の方程式も容易に得られる:

$$\frac{x-x_1}{\begin{vmatrix} y_2-y_1 & z_2-z_1 \\ y_3-y_1 & z_3-z_1 \end{vmatrix}} = \frac{y-y_1}{\begin{vmatrix} x_2-x_1 & z_2-z_1 \\ x_3-x_1 & z_3-z_1 \end{vmatrix}} = \frac{z-z_1}{\begin{vmatrix} x_2-x_1 & y_2-y_1 \\ x_3-x_1 & y_3-y_1 \end{vmatrix}}.$$
$$(9-11)$$

 こうして,複雑な表式も行列式によって非常に簡潔に表されることになる.ということで,幾何学における行列式の役割もかなりわかっていただけたことであろう.

10 弧度から曲線の曲率へ

 これから**曲線の曲率**に進むことになるので,まずは,その大切な基本として**弧度**というものについてきちんとさせておく.
 半径 r の円の周の長さは $2\pi r$ である.――といったところで,

「それは，どうやって導いたのか？」，——と問われるや，ギャフンとなる人は非常に多いのでは！（数学の問題をよく解けていながらも，こういう基本を問われると，きちんと答えれない人はかなり多いものである.）この**問題**は，

☆ 「どんな半径の円でも，その円周 ℓ を直径 $2r$ で割ったら，一定であることを示せ」

ということと本質的に同じである.

これに対する回答として最も挙げやすいのは，「ℓ は r に比例する．だから，ℓ/r は一定である」，というものである．一見，もっともらしいが，しかし，これは単なる直感的推測の域を出てはいない．具体的に述べてみよう．例えば，半径 r の円に内接する正多角形の周長 ℓ というなら，$\ell \propto r$ は明白だが，円の周長では，このような比例関係は明白ではない，ということである.

この**問題**☆については，ユークリッド大先生も正しく証明することはできなかった（であろう）．それだけに読者への課題としての価値がある.

さて，すべての円は相似（合同はこの中に含める）であるから，いま，半径1の円を代表として取り出す.

図10−1は，単位円周 C 上の動点Pが位置 A_0 からスタートして反時計回りに回転する様子を示したものである．動点Pは，まもなく，弧長 $\widehat{A_0 A_1} = 1$（これは円 C の半径でもある）の点 A_1 に達する．そして，この点 A_1 の位置を，点 A_0 を基準とした

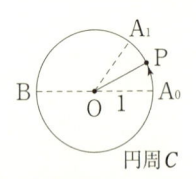

図10−1

弧度1の点

と定義する．「弧度1」ということを Rad 1 で表そう．これは，円弧の長さで定義された円周 C 上の位置であるゆえ，

$$\text{Rad } 1 = 1 \quad (\text{円弧 } \widehat{A_0A_1} \text{ の長さ})$$

でもある．弧度の定義では，(60分法の) 角度は全く関与していないことに注意しておかれたい．

さらに動点 P は進んで，中心 O に関して点 A_0 と対称な点 B に達する．そこで，この点 B の位置を記号 Rad π で表す．もちろん，Rad $\pi = \pi$ (半円弧 $\widehat{A_0B}$ の長さ) である．(しかし，$\pi = 3.14\cdots$ ということはまだ判らない．)

ともかく，こうして単位円周上に位置の目盛りが刻み込まれてゆくわけである：Rad $x = x$．

単位円周上に (基準点 A_0 に対する) 位置とそこまでの長さが定義された以上，あとは向きの正負 (反時計回りを正の向きとする) に従って，いわば，"**円周座標**" としての Rad x が定義づけられる：

$$\text{Rad } x = x = 0, \pm 1, \pm 2, \cdots\cdots.$$

ところで，「では，弧度は角度とどう関連づくのか？」，という質問が生ずるであろう．それについては，以下のように説明される：

いま，**図10−1** において $\angle A_0OP = \theta°$ と表す．このとき，動点 P の位置 Rad x は，$\theta°$ の関数として表されるが，円弧長としての x は明白に $\theta°$ に比例するから，比例定数を k として

$$\text{Rad } x = x = k\theta°$$

と表される．P が反時計回りで点 B に来たとき Rad $\pi = k \cdot 180°$ であるから，結局，弧度と角度の**変換式**は

$$\text{Rad } x = x = \pi \cdot \frac{\theta°}{180°} \tag{10-1}$$

となる訳である．この式により

$x = \dfrac{\pi}{6} \longleftrightarrow \theta° = 30°$, $x = \dfrac{\pi}{3} \longleftrightarrow \theta° = 60°$,

$x = \pi \longleftrightarrow \theta° = 180°$, ついでに

$x = 1 \longleftrightarrow \theta° = \dfrac{180°}{\pi} \fallingdotseq \dfrac{180°}{3.14} \fallingdotseq 57°$

が得られる．こうして弧度は角度と1対1の対応がつくことになる．弧度と角度，どちらでやっても，三角関数の値は，もちろん，変わらない．即ち，**式 (10－1)** によって

$$\underbrace{\sin\left(\pi \cdot \dfrac{\theta°}{180°}\right)}_{\text{弧度}} = \sin \underbrace{\theta°}_{\text{角度}} \qquad (10－2)$$

であって，具体的には，

$$\sin \dfrac{\pi}{6} = \sin 30°, \quad \sin \dfrac{\pi}{3} = \sin 60°, \cdots\cdots$$

ということである．

こうして弧度が定義されることによって，そして微分法の発見を相俟って**問題**☆は明快に証明され，それから帰納的に，半径 r の円弧の，弧度 θ（今度は記号 x を θ に変更）に相応する，位置 $r\theta$ が定義されるわけである（**図10－2**）．

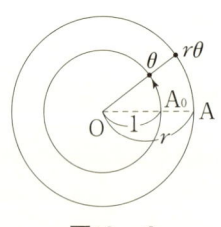

図10－2

これから**ガウス流幾何学**の観念を理解するための第1歩を踏み出す．

まずは，円周上の幾何から入るのであるが，その際，角度は邪魔である．半径 r の円周上には，適当に基準点 0 がとられてあって，そこから位置 $r\theta$ が刻まれてある，と思われたい．い

ま，**図10−3**のように，半径 r の円周 C 上の基準点 0 から動点 P が，C 上を正の向きに運動する．P の運動方向は，C 上の各点各点で，その接線方向であるから，（長さ 1 の）単位接線ベクトル $\vec{e_1}$ でその様子を表している．また，図中，$\vec{e_2}$ は，C の中心 O の方を向いた単位法線ベクトルである．これらのベクトルは，P の運動に伴ってどんどん方向が変わってゆくものである．円周 C 上での P の運動によって，<u>$\vec{e_1}$ はどれだけ変化するのか，その割合いを今から定式化しよう</u>，というのである．

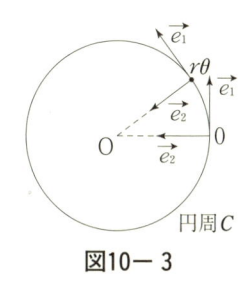

$r\theta = s$ と表しておく．

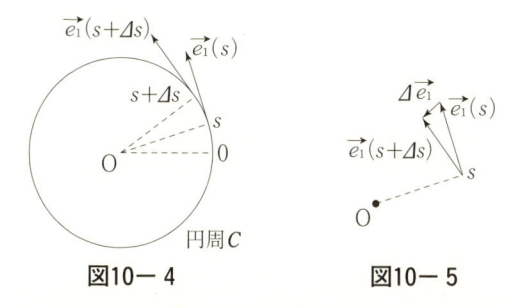

図10−4 は，P が s の位置，$s+\Delta s$ ($\Delta s \fallingdotseq 0$) の位置に来たとき，それぞれの $\vec{e_1}$ を $\vec{e_1}(s)$，$\vec{e_1}(s+\Delta s)$ と表した様子を示している．また，**図10−5** は，$\vec{e_1}(s+\Delta s)$ とその始点を s の位置まで平行移動させて $\vec{e_1}(s)$ の始点と一致させた様子のものである．そこで

$$\Delta \vec{e_1} = \vec{e_1}(s+\Delta s) - \vec{e_1}(s)$$

と表せば，$\Delta \vec{e_1}$ は，長さが近似的に $\Delta\theta$ ($\Delta s = r\Delta\theta$ に注意) のベクトルである．$\vec{e_1}$ の変化 $\Delta \vec{e_1}$ ($|\Delta \vec{e_1}| \fallingdotseq \Delta\theta$) は s の変化 Δs に従ってほぼ円周 C の中心 O の方向を向く．その割合は

$$\frac{\Delta \vec{e_1}}{\Delta s} = \frac{\vec{e_1}(s+\Delta s) - \vec{e_1}(s)}{\Delta s}$$

であって，そして $\Delta s \to 0$ としたものを $d\vec{e_1}/ds$ で表す．これは，**ベクトルの微分**である．

上述からもわかるように，$d\vec{e_1}/ds$ は円周 C の中心 O の方を向いているので，それは，各点 s で $\vec{e_2}(s)$ と平行である．従って κ を正の比例定数として

$$\frac{d\vec{e_1}}{ds} = \kappa \vec{e_2} \qquad (10-3)$$

という，いわば，**ベクトルの微分方程式**が得られることになる．これは，次のようにしても得られる：$\vec{e_1}$ と $\vec{e_1}$ との内積は 1 である．即ち，$\vec{e_1}\cdot\vec{e_1}=1$ である．それゆえ s で微分して

$$\frac{d\vec{e_1}}{ds}\cdot\vec{e_1} = 0.$$

$d\vec{e_1}/ds$ は $\vec{e_1}$ に垂直というわけだから，しかも向きは円周 C の中心方向だから，**式 (10-3)** が得られる．

方程式 (10-3) は円周 C 上の位置 s における瞬間的変化率を表している．これによってその位置 s における C の曲がり具合いが判るのである．その目安として得られるのが κ であって，それゆえ κ を C の**曲率**という．これから**方程式 (10-3)** を具体的に解くことにする．まず，両辺の絶対値をとると，

$$\left|\frac{d\vec{e_1}}{ds}\right| = \frac{d\theta}{ds} = \kappa$$

となる．$s = r\theta$ (r は一定) より，上式は

$$\frac{1}{r}\frac{d\theta}{d\theta} = \frac{1}{r} = \kappa$$

ということで，κ は半径 r の逆数として求められる．

図10-6 は，円の曲率が大きいほど円周は強く曲がっていて，曲率が小さいほど円周は弱く曲がって線分的あるいは直線的要素が現われる，そういう様子を象徴したものである．曲率が大の曲線上ではアリのような小さな動物でもすべり落ちやすいが，曲率が小の曲線上ではすべり落ちにくい，というわけである．

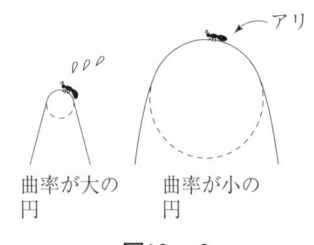

では，円に限らず，一般の（尖った点などのない）平面上の曲線ではどうか（**図10-7**）．このときとて，**式 (10-3)** の形で曲率は定義される．もちろん，円のようには易しくはないが．概してこの際は，曲線 C の適当な近くに xy 直交座標軸を設定して，曲線を $y = f(x)$ の形で表して解析すればよい．

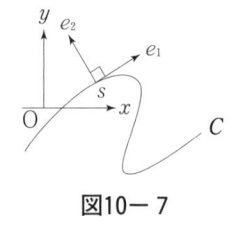

まず，曲線 C 上で適当な基準点からの長さ s の位置において $d\vec{e_1}/ds = \kappa \vec{e_2}$ を xy 座標と s で表すのである．$C : y = f(x)$ とし，そして s の位置を $(x, y) = (x, f(x))$ とする．そうすると，三平方の定理の表式 $(\Delta s)^2 = (\Delta x)^2 + (\Delta y)^2$ から，t を媒介変数として

$$\left(\frac{\Delta s}{\Delta t}\right)^2 = \left(\frac{\Delta x}{\Delta t}\right)^2 + \left(\frac{\Delta y}{\Delta t}\right)^2.$$

$\Delta t \to 0$ として

$$\left(\frac{ds}{dt}\right)^2 = \left(\frac{dx}{dt}\right)^2 + \left(\frac{dy}{dt}\right)^2. \tag{10-4}$$

s は t の関数, そして (x, y) は s に依存するので,

$$\frac{dx}{dt} = \frac{ds}{dt}\frac{dx}{ds}, \quad \frac{dy}{dt} = \frac{ds}{dt}\frac{dy}{ds}$$

と表される. ただし, (x, y) は $(x(t), y(t))$ の意味をもったものであるから, $(x(s), y(s))$ とするのは関数記号の混用になるが, 別の記号を用いると, また, 別の煩わしさが生ずるので, 敢えて同一記号を用いた.

以上から

$$\left(\frac{ds}{dt}\right)^2 = \left[\left(\frac{dx}{ds}\right)^2 + \left(\frac{dy}{ds}\right)^2\right]\left(\frac{ds}{dt}\right)^2 \tag{10-5}$$

となる. 以後, ds/dt がべったり 0 になることはないとする. このように仮定するのは, t の変化に伴って s がどんどん増してゆくようにするためである. そうすると,

$$\left(\frac{dx}{ds}\right)^2 + \left(\frac{dy}{ds}\right)^2 = 1 \tag{10-6}$$

が得られる. これは s の位置において, 長さ 1 の単位ベクトル

$$\begin{pmatrix} dx/ds \\ dy/ds \end{pmatrix} \tag{10-7}$$

がつねに存在する, ということである. **式 (10-6)** は, このベクトルが定ベクトルでない限り, 単位円の方程式であることを意味している. **式 (10-7)** で表されるベクトルの意味を象徴的に説明してみよう.

図10-8を見ればわかるように，Δs が充分に小さければ，それは，ほとんど線分と見てよいので，

$$\frac{\Delta x}{\Delta s} \fallingdotseq \cos\theta, \quad \frac{\Delta y}{\Delta s} \fallingdotseq \sin\theta$$

と表せる．これらより

$$\frac{\Delta y}{\Delta s} \bigg/ \frac{\Delta x}{\Delta s} \fallingdotseq \tan\theta$$

ということで，$\Delta s \to 0$ の極限で，上式は $y = f(x)$ の傾きを与える：

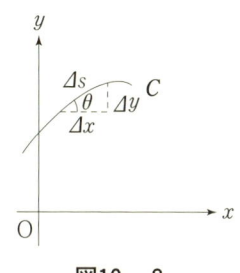

$$\frac{dy}{ds} \bigg/ \frac{dx}{ds} = f'(x). \tag{10-8}$$

図10-8

これから，式 (10-7) で表されたベクトルは，C 上の位置 s における単位接線ベクトルであることがわかる．だから，

$$\vec{e_1} = \begin{pmatrix} dx/ds \\ dy/ds \end{pmatrix} \tag{10-9}$$

と表せる．そしてこの $\vec{e_1}$ に直交する C 上の単位法線ベクトルは

$$\vec{e_2} = \begin{pmatrix} -dy/ds \\ dx/ds \end{pmatrix} \quad \text{または} \quad \begin{pmatrix} dy/ds \\ -dx/ds \end{pmatrix}$$

である．どちらをとるべきか．紙面の裏から表へ向かって右ネジを回す向きを正とするならば，

$$\vec{e_2} = \begin{pmatrix} -dy/ds \\ dx/ds \end{pmatrix} \tag{10-10}$$

である．これがわからない人は，例えば，

$$\vec{e_1} = \begin{pmatrix} 1 \\ 1 \end{pmatrix} \quad \text{とすれば} \quad \vec{e_2} = \begin{pmatrix} -1 \\ 1 \end{pmatrix}$$

となるべきだ，ということで納得されたい．かくして式 (10-3) と同様の表式

$$\frac{d\vec{e_1}}{ds} = \kappa \vec{e_2}$$

に $\vec{e_2}$ を内積して，**式 (10－9)** と **(10－10)** によれば，

$$\kappa = \frac{d\vec{e_1}}{ds} \cdot \vec{e_2} = \begin{pmatrix} d^2x/ds^2 \\ d^2y/ds^2 \end{pmatrix} \cdot \begin{pmatrix} -dy/ds \\ dx/ds \end{pmatrix}$$

$$= -\frac{d^2x}{ds^2} \cdot \frac{dy}{ds} + \frac{d^2y}{ds^2} \cdot \frac{dx}{ds}$$

を得る．この右辺は行列式で表せて

$$\kappa = \begin{vmatrix} dx/ds & dy/ds \\ d^2x/ds^2 & d^2y/ds^2 \end{vmatrix}. \tag{10－11}$$

ところで，**式 (10－8)** は媒介変数のとり方によらない．つまり，どんな媒介変数を用いてもよい．だから，具体的に計算しやすいものをとればよいのである．そこで

$$\frac{dy}{dt} \bigg/ \frac{dx}{dt} = f'(x)$$

としよう．これは，**式 (10－4)** に戻ることでもある．その式より

$$\frac{ds}{dt} = \sqrt{\left(\frac{dx}{dt}\right)^2 + \left(\frac{dy}{dt}\right)^2}$$

となる．平方根記号の前には $\pm$ の符号を付けるべきだが，媒介変数が $[t_0, t]$ の間に応じた曲線 C の長さを s とする以上，

$$s = \int_{t_0}^{t} \frac{ds}{dt} dt > 0 \quad (t_0 < t)$$

となるべきだから，$ds/dt > 0$，つまり，上述の平方根記号につく符号を正にとるのである．今後，ds/dt を $\dot{s}$ と表すことにする．同様に，dx/dt, dy/dt をそれぞれ $\dot{x}$, $\dot{y}$ と表す．そうすれば，**式 (10－11)** における dx/ds, dy/ds はそれぞれ

$$\frac{dx}{ds} = \frac{dx/dt}{ds/dt} = \frac{\dot{x}}{\dot{s}}, \quad \frac{dy}{ds} = \frac{\dot{y}}{\dot{s}}$$

となる．さらに

$$\frac{d^2x}{ds^2} = \frac{dt}{ds}\frac{d}{dt}\left(\frac{\dot{x}}{\dot{s}}\right) = \frac{\ddot{x}\dot{s}-\dot{x}\ddot{s}}{\dot{s}^3},$$

同様に

$$\frac{d^2y}{ds^2} = \frac{\ddot{y}\dot{s}-\dot{y}\ddot{s}}{\dot{s}^3}.$$

従って

$$\begin{aligned}\kappa &= -\frac{\ddot{x}}{\dot{s}^3}\dot{y}+\frac{\ddot{y}}{\dot{s}^3}\dot{x}\\ &= \begin{vmatrix}\dot{x} & \dot{y}\\ \ddot{x} & \ddot{y}\end{vmatrix} \bigg/ \dot{s}^3\\ &= \begin{vmatrix}\dot{x} & \dot{y}\\ \ddot{x} & \ddot{y}\end{vmatrix} \bigg/ (\dot{x}^2+\dot{y}^2)^{3/2}\end{aligned} \quad (10-12)$$

を得る．そこで，

$$x = x(t) = t$$

ととれば，

$$y = y(t) = f(x(t)) = f(t)$$

となるから，**式 (10-12)** は

$$\begin{aligned}\kappa &= \begin{vmatrix}1 & \dot{f}(t)\\ 0 & \ddot{f}(t)\end{vmatrix} \bigg/ \left(1+[\dot{f}(t)]^2\right)^{3/2}\\ &= \frac{f''(x)}{\sqrt{1+[f'(x)]^2}^3}\end{aligned} \quad (10-13)$$

となる．**式 (10-12)** あるいは **(10-13)** は公式として用いてよいものである．

　平面曲線に限っても，結構，煩わしいであろう．いわんや，「空間曲線では！」，と思われるかもしれない．しかし，ベクトルの微分方程式で表式してゆくだけなら，さしたる困難はない．ただ，これまで無かった z 軸方向への自由度が増すため，一般

に，**捩率**(τで表す)という捩れの概念が出てくる．かくして得られる方程式系（結果だけを記す）

$$\begin{cases} \dfrac{d\vec{e_1}}{ds} = \phantom{-\kappa\vec{e_1}} + \kappa\vec{e_2} \\ \dfrac{d\vec{e_2}}{ds} = -\kappa\vec{e_1} \phantom{+\kappa\vec{e_2}} + \tau\vec{e_3} \\ \dfrac{d\vec{e_3}}{ds} = \phantom{-\kappa\vec{e_1}} -\tau\vec{e_2} \end{cases}$$

は，フレネ・セレー(**Frenet-Serret**)**の方程式**といわれる．(κ, τ は s の関数である．)

この方程式は，拙著『高校数学精義』でも扱ってある．参考までに．

　曲線の曲率は，これから向かう**曲面の曲率**に比べると，まだまだ，かわいい方である．これから，ガウスのその業績に徐々に進み行くのであるが，その前に，「弧度」の件を併せてこの**10節**を振り返っておくのは無駄ではあるまい．

　本節の始め，円弧の曲率を求める際，xy座標軸を用いてはいない．その後，一般の平面曲線の曲率を求める際では，xy座標軸を用いている．これは，単に便宜上のことで，xy座標軸が無くとも，曲率は定義できる．平面曲線に限らず，曲線の曲率は，与えられた曲線とその曲線を表す媒介変数を決めれば，定義できるのである．それは，すぐ上のフレネ・セレーの公式からも明らかである．

　後述するように，リーマン幾何では，例えば，測地線というものの位置座標を表す媒介変数としては，その**曲線の長さ** s を用いるのが最も都合よい．本節の始めで「弧度」をきちんと定義したのは，これが**円弧の長さ**を与えてくれる，従ってリーマン幾何の精神に通ずる最も初歩的概念だからである．（60分法の

角度では，円弧の長さは与えられない．まさか，$2\pi\,(\mathrm{rad})\cdot r = 360°\cdot r$ などとはしまい．）

「弧度」は，本質的に単位円周上の位置を表す座標であって，しかも半径という長さから定義された**無名数**であるから，本当は，"rad" を名数の単位のようには付すべきではない．無名数が角度などである訳はない．かくして「弧度」の認識が伴なうと，三角関数は，単位円周上の関数として捉えるのが自然であることが納得していただけるであろう．そして，これが，延いては，曲面上の関数という概念につながってゆくことになるのである．

「円」というものは，三角形などと並んで最も単純な図形である．しかし，見目には単純ながらも，数学的には，これ程，難しいものは，多くはない．それは，円を特徴づける数 "π" の存在による．フェルマーやデカルト以前，大体，1600年以前の数学者達は，どのような程度での理解にせよ，「極限」というものを正しく捉えてはいなかった．これでは，π の有する数論的本性どころか，その正確な数値を与えるべき表式すらできない：" π " という数はある．その正確な値は分からないが，ともかく，そういう数を，**第10節**の始めの方で述べたように，記号的に象徴して円弧の長さ等を表すことはできる．——望む限りの近似で．という段階であったわけである．これでは幾何学が，ユークリッド以来，殆ど進展できなかったのも無理からぬこと，といえよう．

11 ガウスの幾何学

これまで述べてきた主な内容は，曲面の偏微分による凹凸の

評価，そして直線や平面などの方程式を行列式で表したりすることや曲線の曲率の表式であった．

この辺りで，いよいよ，**リーマンの数学人生**を決定せしめた大御所**ガウス**の，その幾何学についての入門と致そう．

ガウスは，整数論の研究と相俟って幾何学の研究もしていた．その第一の動機は，彼が三角法などを通して地図に強い関心をもっていたことに因る．

地図は平面的に描かれてはいるが，しかし，（でこぼこを度外視しても）地表面は平たくはない．そのため，仮に「地図が10万分の1に縮小されたものである」，といっても，それを10万倍したものが正確である，ということにはならない．**ガウスの幾何学**は，ここからスタートする．どのようなときに，例えば，上例のように10万倍してよいのか，よくないのか，ということを判定するそんな判定法を見出そう，というわけである．この節はそのための準備である．

いま，**図11－1**のように，（通常座標軸を用いた）xyz 直交座標空間に曲面 Σ があるとする．

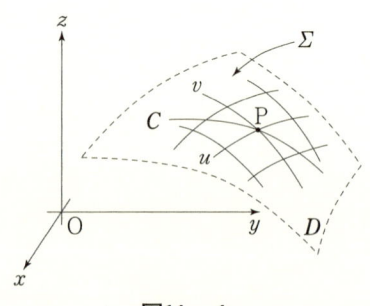

図11－1

曲面 Σ の適当な領域 D には，新しいタイプの座標系，――**曲線座標系** (u, v) というものが写されている．今度は，座標系は曲がっている．そういう曲線をいくつか描いて u - 曲線族，v - 曲線族として組ませた様子を図は示している．曲面上にまっすぐな物差しを当てがったりする人間はいない．だから，こうして曲線座標をとっているのである．そして曲面 Σ 上には，点 P を通る連続な曲線 C が描かれている．曲線 C は，ある媒介変数 t（例えば，時間のようなものでもよい）で発展してゆくものである．これから，この曲線の長さを論ずることにする．

曲面 Σ 上の点 P は xyz 座標としては (x, y, z) であるが，曲線座標 (u, v) でも定められるので，こちらを基本にして
$$x = x(u, v), \quad y = y(u, v), \quad z = z(u, v)$$
と表すことにする．
一方，曲線 C は媒介変数 t に従って点 P を通るので，C 上の点 P（動点と見てよい）の座標は
$$x = x(u(t), v(t)), \quad y = y(u(t), v(t)),$$
$$z = z(u(t), v(t))$$
と表されよう．いま，媒介変数が $[t_0, t]$ の間に応じた曲線 C の長さを s で表すなら，
$$s = \int_{t_0}^{t} \sqrt{\left(\frac{dx}{dt}\right)^2 + \left(\frac{dy}{dt}\right)^2 + \left(\frac{dz}{dt}\right)^2} \, dt \tag{11-1}$$
となる．これは，ユークリッド幾何における三平方の定理の表式
$$\Delta s = \sqrt{(\Delta x)^2 + (\Delta y)^2 + (\Delta z)^2} \tag{11-2}$$
を微分積分法によって拡張したものである（記号の説明は不要であろう）．

式 (11-1) について，両辺を t で微分すれば，

$$\frac{ds}{dt} = \sqrt{\left(\frac{dx}{dt}\right)^2 + \left(\frac{dy}{dt}\right)^2 + \left(\frac{dz}{dt}\right)^2}$$

となるが，平方根記号を引きずってゆくのは煩わしいので，2乗しておく：

$$\left(\frac{ds}{dt}\right)^2 = \left(\frac{dx}{dt}\right)^2 + \left(\frac{dy}{dt}\right)^2 + \left(\frac{dz}{dt}\right)^2. \tag{11-3}$$

ここで，これからの計算のために，「**全微分**」というものを略述しておく．**第5節**における**式 (5-1)** を再録する：

$$z - z_0 = \left(\frac{\partial f}{\partial x}\right)_{(x_0, y_0)} (x - x_0) + \left(\frac{\partial f}{\partial y}\right)_{(x_0, y_0)} (y - y_0).$$

いま，この式の記号を次のように

$$x_0 \to x, \quad y_0 \to y, \quad z_0 \to z;$$
$$x \to x + \Delta x, \quad y \to y + \Delta y, \quad z \to z + \Delta z$$

と改めると，

$$\Delta z = \frac{\partial f}{\partial x} \Delta x + \frac{\partial f}{\partial y} \Delta y$$

となる．添字は (x, y) となるが，それは省略した．そこで，上式の両辺を Δt で割って，$\Delta t \to 0$ とする．つまり，

$$\lim_{\Delta t \to 0} \frac{\Delta z}{\Delta t} = \lim_{\Delta t \to 0} \left(\frac{\partial f}{\partial x} \frac{\Delta x}{\Delta t} + \frac{\partial f}{\partial y} \frac{\Delta y}{\Delta t}\right)$$

ということである．この式の両辺が有限な一つの値をとるとき，それを

$$\frac{dz}{dt} = \frac{\partial f}{\partial x} \frac{dx}{dt} + \frac{\partial f}{\partial y} \frac{dy}{dt} \tag{11-4}$$

と表し，$z = f(x(t), y(t))$ の t による**全微分**という．

式 (11-3) に戻って，いまからその右辺を計算する．まず

$(dx/dt)^2$ であるが，これは，$x = x(u(t), v(t))$ より

$$\left(\frac{dx}{dt}\right)^2 = \left(\frac{\partial x}{\partial u}\frac{du}{dt} + \frac{\partial x}{\partial v}\frac{dv}{dt}\right)^2$$

となる．同様にして

$$\left(\frac{dy}{dt}\right)^2 = \left(\frac{\partial y}{\partial u}\frac{du}{dt} + \frac{\partial y}{\partial v}\frac{dv}{dt}\right)^2,$$

$$\left(\frac{dz}{dt}\right)^2 = \left(\frac{\partial z}{\partial u}\frac{du}{dt} + \frac{\partial z}{\partial v}\frac{dv}{dt}\right)^2.$$

従って式 (11-3) は

$$\left(\frac{ds}{dt}\right)^2 = \underbrace{\left[\left(\frac{\partial x}{\partial u}\right)^2 + \left(\frac{\partial y}{\partial u}\right)^2 + \left(\frac{\partial z}{\partial u}\right)^2\right]\left(\frac{du}{dt}\right)^2}_{①}$$

$$+ \underbrace{2\left(\frac{\partial x}{\partial u}\frac{\partial x}{\partial v} + \frac{\partial y}{\partial u}\frac{\partial y}{\partial v} + \frac{\partial z}{\partial u}\frac{\partial z}{\partial v}\right)\frac{du}{dt}\frac{dv}{dt}}_{②}$$

$$+ \underbrace{\left[\left(\frac{\partial x}{\partial v}\right)^2 + \left(\frac{\partial y}{\partial v}\right)^2 + \left(\frac{\partial z}{\partial v}\right)^2\right]\left(\frac{dv}{dt}\right)^2}_{③}$$

となる．この式において

$$① = E, \quad ② = F, \quad ③ = G$$

と表せば，式 (11-1) は

$$s = \int_{t_0}^{t} \sqrt{E\frac{du}{dt}\frac{du}{dt} + 2F\frac{du}{dt}\frac{dv}{dt} + G\frac{dv}{dt}\frac{dv}{dt}}\, dt$$

と表される．一方，

$$s = \int_{t_0}^{t} \frac{ds}{dt}\, dt$$

でもあるから，結局，

$$\frac{ds}{dt} = \sqrt{E\frac{du}{dt}\frac{du}{dt} + 2F\frac{du}{dt}\frac{dv}{dt} + G\frac{dv}{dt}\frac{dv}{dt}} \quad (11-5)$$

ということになる．やはり，平方根記号が煩わしいので，2乗

して
$$\left(\frac{ds}{dt}\right)^2 = E\frac{du}{dt}\frac{du}{dt} + 2F\frac{du}{dt}\frac{dv}{dt} + G\frac{dv}{dt}\frac{dv}{dt} \qquad (11-5)'$$
と表した方がよいであろう.

これを略記的に
$$ds^2 = E(du)^2 + 2Fdudv + G(dv)^2 \qquad (11-5)''$$
と表し,そしてこの ds を**線素**という.

この式における E, F, G を,ガウスは,曲面の**第1基本量**と称した.これから,第1基本量等がもたらす有益な結果について述べゆくことにする.

まず,簡単に E, F, G が求められる例として,xyz 空間内にある半径 a の球面 Σ_a を挙げよう(**図11-2**).Σ_a 上の1点 P の座標は,θ, ϕ を曲線座標として

$x = a\sin\theta\cos\phi,$
$y = a\sin\theta\sin\phi,$
$z = a\cos\theta$
$(0 \leq \theta \leq \pi, \ 0 \leq \phi < 2\pi)$

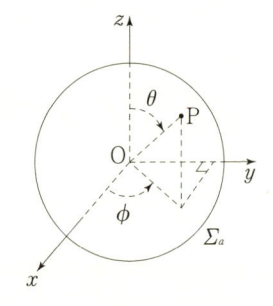

図11-2

で表される.(θ, ϕ はもちろん弧度である.)従って
$$E = \left(\frac{\partial x}{\partial \theta}\right)^2 + \left(\frac{\partial y}{\partial \theta}\right)^2 + \left(\frac{\partial z}{\partial \theta}\right)^2$$
$$= (a\cos\theta\cos\phi)^2 + (a\cos\theta\sin\phi)^2 + (a\sin\theta)^2$$
$$= a^2,$$
$$F = \frac{\partial x}{\partial \theta}\frac{\partial x}{\partial \phi} + \frac{\partial y}{\partial \theta}\frac{\partial y}{\partial \phi} + \frac{\partial z}{\partial \theta}\frac{\partial z}{\partial \phi} = 0,$$

$$G = \left(\frac{\partial x}{\partial \phi}\right)^2 + \left(\frac{\partial y}{\partial \phi}\right)^2 + \left(\frac{\partial z}{\partial \phi}\right)^2 = a^2 (\sin \theta)^2$$

となる．従って Σ_a 上の線素は

$$ds^2 = a^2 (d\theta)^2 + a^2 (\sin \theta)^2 (d\phi)^2.$$

Σ_a 上の曲線の長さは，t を媒介変数として

$$s = \int_{t_0}^{t} a \sqrt{\left(\frac{d\theta}{dt}\right)^2 + (\sin \theta)^2 \left(\frac{d\phi}{dt}\right)^2} \, dt \quad (t_0 < t)$$

で与えられることになる．(以後, $(\sin \theta)^2 = \sin^2 \theta$ と略記する.)

さて，第1基本量というものが現れたのだから，**第2基本量**というものもあるべきだろう．第2基本量たるは，**曲面の曲率**に強く関連するものである．

いま，空間に位置ベクトルの始点Oを定め，曲面 Σ 上の点Pを表すベクトルを $\vec{r}$ とする．すなわち，$\vec{r} = \overrightarrow{\mathrm{OP}}$ である．そして Σ 上の点Pにおける単位法線ベクトルを $\vec{n}_\mathrm{P}$ で表すことにする（図11－3）．なお，Σ 上の点Pの位置を指定する曲線座標は，これまで通り，(u, v) とする．曲率に関して，曲線の場合では，媒介変数が一つで済んだのであるが，曲面の場合ではこれら二つを要するので，事は，大分，複雑になる．この際，位置ベクトル $\vec{r}$ は

$$\vec{r} = \vec{r}(u, v) \tag{11－6}$$

と表されるが，これは，**曲面の方程式**でもある．点Pにおけ

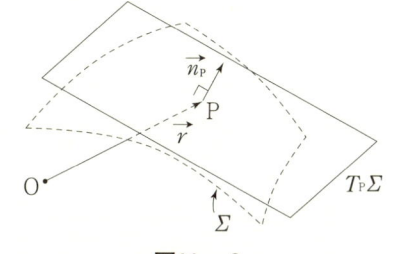

図11－3

る単位法線ベクトルというものは，点 P における Σ の接平面 $T_P\Sigma$ に垂直な単位ベクトルに他ならない．**第 6 節**で既に述べたように，これは二通りの向きをもつので，正の向きを一つ指定しなくてはならない．そこで，**図11－4**のように u, v は矢印の向きを正の向きとし，それに応ずるように $\vec{n_P}$ の正の向きを定めることにする．

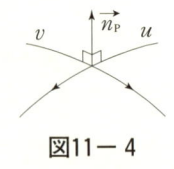

図11－4

以上の準備の下で，Σ 上の点 P の充分近くの曲面の様子を評価する．

いま，$\vec{r} = \vec{r}(u, v)$ における u, v の量が充分僅(わず)かに変化して $\vec{r}$ が Σ 上で僅かに $\Delta\vec{r}$ だけ変化したとする（**図11－5**）．この $\Delta\vec{r}$ は

$$\Delta\vec{r} = \vec{r}(u+\Delta u, v+\Delta v) - \vec{r}(u, v)$$

であるが，Δu と Δv が非常に小さい限り，近似的意味で

$$\Delta\vec{r} = \Delta u \cdot \frac{\partial \vec{r}}{\partial u} + \Delta v \cdot \frac{\partial \vec{r}}{\partial v}$$

(11－7)

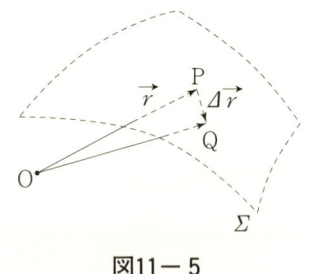

図11－5

と表される．$\partial\vec{r}/\partial u, \partial\vec{r}/\partial v$ はそれぞれ u, v 方向に沿っての $\vec{r}$ の偏微分であるが，点 P から発しているベクトルであるから，正確には

$$\left(\frac{\partial \vec{r}}{\partial u}\right)_P, \left(\frac{\partial \vec{r}}{\partial v}\right)_P$$

と表すべきである．だから，**式(11－7)**の意味は，u 方向に沿っての Δu だけの変化と v 方向に沿っての Δv だけの変化が

もたらす Σ 上の $\vec{r}$ の変化が $(\partial\vec{r}/\partial u)_\mathrm{P}$ と $(\partial\vec{r}/\partial v)_\mathrm{P}$ の1次結合で表される，ということに他ならない．これら二つのベクトルが，Pにおける接平面 $T_\mathrm{P}\Sigma$ を張るわけである．$(\partial\vec{r}/\partial u)_\mathrm{P}$ と $(\partial\vec{r}/\partial v)_\mathrm{P}$ の添字Pは，正確さのために外せないのであるが，しかし，煩わしいことも多いので，誤解の恐れがない限り，これから，省略することにしよう．

さて，ここでの目的は，曲面の曲がり具合いを論ずることであるから，$\Delta\vec{r}$ をもう少し詳しく分析しておく必要がある．そのために，$\vec{r}(u+\Delta u, v+\Delta v)$ を，**第4節**での**式（4－2）**のように，2次の項まで展開する：

$$\Delta\vec{r} = \vec{r}(u+\Delta u, v+\Delta v) - \vec{r}(u, v)$$
$$= \Delta u \cdot \frac{\partial\vec{r}}{\partial u} + \Delta v \cdot \frac{\partial\vec{r}}{\partial v} + \frac{1}{2}\left[(\Delta u)^2 \frac{\partial^2\vec{r}}{\partial u^2}\right.$$
$$\left. + 2\Delta u \cdot \Delta v \frac{\partial^2\vec{r}}{\partial u \partial v} + (\Delta v)^2 \frac{\partial^2\vec{r}}{\partial v^2}\right]. \quad (11-8)$$

そこで，**図11-6**のように，曲面 Σ 上の点Pに充分近い点Qから $T_\mathrm{P}\Sigma$ に垂線を下ろし，その足をHとする．そして $QH = h$ と表そう．ただし，h には符号も込めておく．この h は**式（11-8）**に $\vec{n}_\mathrm{p}$ を内積したもので表される：
すなわち，

$$h = \Delta\vec{r} \cdot \vec{n}_\mathrm{p}$$
$$= \frac{1}{2}(\Delta u)^2 \frac{\partial^2\vec{r}}{\partial u^2} \cdot \vec{n}_\mathrm{p}$$

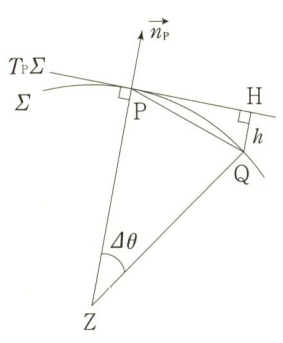

3点P，Q，Hで定まる Σ の断面

図11-6

$$+ \Delta u \cdot \Delta v \frac{\partial^2 \vec{r}}{\partial u \partial v} \cdot \vec{n}_{\mathrm{p}} + (\Delta v)^2 \frac{\partial^2 \vec{r}}{\partial v^2} \cdot \vec{n}_{\mathrm{p}} \quad (11-9)$$

である．そこで，

$$\frac{\partial^2 \vec{r}}{\partial u^2} \cdot \vec{n}_{\mathrm{p}} = L, \quad \frac{\partial^2 \vec{r}}{\partial u \partial v} \cdot \vec{n}_{\mathrm{p}} = M, \quad \frac{\partial^2 \vec{r}}{\partial v^2} \cdot \vec{n}_{\mathrm{p}} = N$$

と表せば，

$$h = \frac{1}{2}\{L(\Delta u)^2 + 2M\Delta u \cdot \Delta v + N(\Delta v)^2\} \quad (11-10)$$

となる．これらの L, M, N が**第2基本量**といわれるものである．

ところで，点 P における曲率を κ_{P} で表すなら，κ_{P} は，**図11−5** での弧度 $\Delta\theta$（角 $\angle\mathrm{PZQ}$）を用いて

$$\kappa_{\mathrm{P}} = \lim_{\mathrm{Q} \to \mathrm{P}} \frac{\Delta\theta}{\mathrm{PQ}} \quad (11-11)$$

で与えられる．これは，簡単な初等幾何的考察より

$$\kappa_{\mathrm{P}} = \lim_{\mathrm{Q} \to \mathrm{P}} \frac{2h}{\mathrm{PQ}^2} \quad (11-12)$$

と表される．PQ^2 は，第1基本量に関する**式 (11−5)′** あるいは **(11−5)″** から

$$\mathrm{PQ}^2 = E(\Delta u)^2 + 2F\Delta u \cdot \Delta v + G(\Delta v)^2 \quad (11-13)$$

で与えられるので，これと**式 (11−10)** を併せて，**式 (11−12)** における $2h/\mathrm{PQ}^2 (= k$ とおく$)$ は

$$k = \frac{L(\Delta u)^2 + 2M\Delta u \cdot \Delta v + N(\Delta v)^2}{E(\Delta u)^2 + 2F\Delta u \cdot \Delta v + G(\Delta v)^2} \quad (11-14)$$

と表される．記号の簡略化のため，$\Delta u = x$, $\Delta v = y$ とおこう．されば，**式 (11−14)** は

$$k = \frac{Lx^2 + 2Mxy + Ny^2}{Ex^2 + 2Fxy + Gy^2}$$

となる．k の値は x と y の比に依存しているので，y/x とおくと，

$$k = \frac{L + 2Mz + Nz^2}{E + 2Fz + Gz^2}. \qquad (11-14)'$$

k が極値をもつことを想定してそれらを与える z を評価してみよう：少し煩わしい計算であるが，**式 (11-14)′** を z で微分すると，

$$\frac{dk}{dz} = \frac{2[(FN-GM)z^2 + (EN-GL)z + EM-FL]}{(E+2Fz+Gz^2)^2}.$$

この式の分子はゴチャゴチャしているように見えるかもしれないが，そうでもないのである．行列式を用いて表記するなら，

$$上式の分子 = \begin{vmatrix} N & M \\ G & F \end{vmatrix} z^2 + \begin{vmatrix} N & L \\ G & E \end{vmatrix} z + \begin{vmatrix} M & L \\ F & E \end{vmatrix}$$

というきれいな形で表されるからである．ここは，"行列式様さま" というべきか．

さて，元に戻って，「$dk/dz = 0$ となる z を求めて，……」，とやるのは常道ではあるが，このような一般2次方程式でそれをやるのは得策ではあるまい．そこで，$\Delta u \fallingdotseq 0$ では $z = y/x = \Delta v/\Delta u$ は一意に定まるべきであることより，**式 (11-14)′** を

$$(N-kG)z^2 + 2(M-kF)z + L-kE = 0$$

と表して，これの重根条件から k の満たすべき条件を求める，というのがよいであろう：

$$判別式：(M-kF)^2 - (N-kG)(L-kE) = 0$$

即ち，

$$(F^2 - EG)k^2 - (2FN - EN - GL)k + M^2 - LN = 0.$$

k についてのこの2次方程式の2根は，点 Q を P の近くで回転させたりしていろいろ動かしてみたとき，定まるべき k の極大値，極小値と解釈される．そこで，k の極大値を k_1，極小値を k_2 と表せば，

$$\frac{k_1 + k_2}{2} = \frac{2FN - EN - GL}{2(F^2 - EG)}, \qquad (11-15)$$

$$k_1 k_2 = \frac{M^2 - LN}{F^2 - EG} \qquad (11-16)$$

が得られる.そして
$$H = \frac{k_1 + k_2}{2}, \quad K = k_1 k_2$$

と表し,H を曲面 Σ の点 P での**平均曲率**,K を**全曲率**という.この全曲率は,後に,**ガウス曲率**ともいわれるようになった.ガウス曲率は,行列式を用いると,

$$K = k_1 k_2 = \frac{\begin{vmatrix} L & M \\ M & N \end{vmatrix}}{\begin{vmatrix} E & F \\ F & G \end{vmatrix}} \qquad (11-16)'$$

と表記される.K は正負,または 0 のいずれかである.ここで,つねに

$$\begin{vmatrix} E & F \\ F & G \end{vmatrix} = EG - F^2 > 0$$

であることに注意.これは,**式 (11-13)** において $PQ^2 > 0$ だからである.従って $K \gtreqless 0$ の件については,第 2 基本量のみから成る分子が決定することになる.

そこで,**式 (11-10)** における h であるが,これは,$\Delta u = x$,$\Delta v = y$ に関する対称な 2 次式であって,xy 座標軸を適当に回転させて新しい座標 (x', y') を導入すれば,

$$h = \lambda(x')^2 + \mu(y')^2 \qquad (11-17)$$

の形で表すことができる.このような表式を **2 次形式の標準化**という.

例えば,
$$h = xy$$
なら,

$$x' = \cos\frac{\pi}{4}\cdot x + \sin\frac{\pi}{4}\cdot y = \frac{x+y}{\sqrt{2}},$$
$$y' = -\sin\frac{\pi}{4}\cdot x + \cos\frac{\pi}{4}\cdot y = \frac{-x+y}{\sqrt{2}}$$

と xy 座標軸を 45° だけ回転させれば,
$$h = \frac{1}{2}(x')^2 - \frac{1}{2}(y')^2$$
という標準化が得られる．これは，**第5節**で扱った**双曲放物面**である．

因みに

$z = ax^2 + by^2$

(a, b は 0 でなく，かつ同符号)

のようなものは**楕円放物面**といわれる（図11-7）．

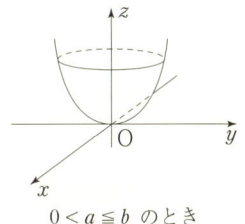

$0 < a \leq b$ のとき

図11-7

こうして，**式 (11-17)** における λ と μ との積が

i) $\lambda\mu > 0$ のときは

曲面 Σ は（点 P の近くで，$T_P\Sigma$ の P を原点とする）楕円放物面

ii) $\lambda\mu < 0$ のときは

曲面 Σ は（点 P の近くで，$T_P\Sigma$ の P を原点とする）双曲放物面

であることがわかる．

行列式
$$\begin{vmatrix} L & M \\ M & N \end{vmatrix}, \begin{vmatrix} \lambda & 0 \\ 0 & \mu \end{vmatrix}$$

の値は，xy 座標軸の回転とは無関係な恒量であるから，

$$\begin{vmatrix} L & M \\ M & N \end{vmatrix} = \begin{vmatrix} \lambda & 0 \\ 0 & \mu \end{vmatrix}$$

が成り立つべきである.

従ってガウス曲率は

 i) のとき $K > 0$

 ii) のとき $K < 0$

であって, さもなくば, $K = 0$ である.

では, ここで, 半径 a の球面 Σ_a の場合で第2基本量とガウス曲率を求めてみよう:

Σ_a 上の点Pの位置を表すベクトルは

$$\vec{r} = a \begin{pmatrix} \sin\theta \cos\phi \\ \sin\theta \sin\phi \\ \cos\theta \end{pmatrix}$$

で与えられるから,

$$\vec{n}_{\text{P}} = \begin{pmatrix} \sin\theta \cos\phi \\ \sin\theta \sin\phi \\ \cos\theta \end{pmatrix}.$$

そこで

$$\frac{\partial \vec{r}}{\partial \theta} = a \begin{pmatrix} \cos\theta \cos\phi \\ \cos\theta \sin\phi \\ -\sin\theta \end{pmatrix}, \quad \frac{\partial^2 \vec{r}}{\partial \theta^2} = a \begin{pmatrix} -\sin\theta \cos\phi \\ -\sin\theta \sin\phi \\ -\cos\theta \end{pmatrix},$$

$$\frac{\partial^2 \vec{r}}{\partial \theta \partial \phi} = \frac{\partial^2 \vec{r}}{\partial \phi \partial \theta} = a \begin{pmatrix} -\cos\theta \sin\phi \\ \cos\theta \cos\phi \\ 0 \end{pmatrix},$$

$$\frac{\partial \vec{r}}{\partial \phi} = a \begin{pmatrix} -\sin\theta \sin\phi \\ \sin\theta \cos\phi \\ 0 \end{pmatrix}, \quad \frac{\partial^2 \vec{r}}{\partial \phi^2} = a \begin{pmatrix} -\sin\theta \cos\phi \\ -\sin\theta \sin\phi \\ 0 \end{pmatrix}$$

であるから，

$$L = \frac{\partial^2 \vec{r}}{\partial \theta^2} \cdot \vec{n}_{\mathrm{p}} = -a \begin{pmatrix} \sin\theta\cos\phi \\ \sin\theta\sin\phi \\ \cos\theta \end{pmatrix} \cdot \begin{pmatrix} \sin\theta\cos\phi \\ \sin\theta\sin\phi \\ \cos\theta \end{pmatrix}$$

$$= -a(\sin^2\theta\cos^2\phi + \sin^2\theta\sin^2\phi + \cos^2\theta)$$

$$= -a.$$

同様にして

$$M = \frac{\partial^2 \vec{r}}{\partial\theta\partial\phi} \cdot \vec{n}_{\mathrm{p}} = 0,$$

$$N = \frac{\partial^2 \vec{r}}{\partial\phi^2} \cdot \vec{n}_{\mathrm{p}} = -a\sin^2\theta$$

が得られる．それゆえ

$$K = \frac{\begin{vmatrix} -a & 0 \\ 0 & -a\sin^2\theta \end{vmatrix}}{\begin{vmatrix} a^2 & 0 \\ 0 & a^2\sin^2\theta \end{vmatrix}} = \frac{1}{a^2} \tag{11-18}$$

ということで，K は θ, ϕ によらず，一定の値，だから，Σ_a は定曲率の曲面で，しかも $K > 0$ である．要するに

Σ_a は**正の定曲率**の曲面

というわけである．

これに対して平面は，もちろん，$K = 0$ であるし，また，

円柱　　　　円錐

なども，$K = 0$ であることは，容易に示される．

12 ガウスの幾何学と非ユークリッド幾何学

第11節の始めで述べた件，すなわち，地図の件であるが，この例のように，「単純に10万倍してよいかどうか」，という問題は，ガウスによって初めて否定的に**解決**された．それは，球面の全曲率（ガウス曲率）K が 0 でないから，ということで示された訳である．当時まで，多分に，「否定的であろう」，との予測はついてはいたようだが，きちんと数式によって示したのはガウスであった．この問題は，比較的，結論を予測しやすいが，それは，たとえるに，地表面が円柱のようなものであれば平面地図がそのままで円柱形にできて，従って実測値を得るには単純に適当な倍数を掛ければよい，というのが明白だからである．

球面の場合，（そのどんな一部分とて）それを平面（の一部分）から，（ゴムのように）伸縮を伴わないで形成することは不可能である．このことを称して（球面の）**等距離図法の不可能性**という．

等距離図法が可能なものには，既述のような円柱面，円錐面，そして**接線曲面**といわれるものがある．接線曲面とは，空間曲線の各点の接線の集合が曲面を形成したとき，そのようにいわれるものである（**図12－1**）．これらの曲面を総称して**展開曲面**という．

空間曲線の接線の集まりが曲面を形成する様子

図12－1

ところで，曲面（の一部分）に伸縮を伴わないような変形を

施すとは，その図形（の一部分）に長さを変えないような変形を施すことである．このような変換を**等長変換**という．既述のds^2（**式（11－5）″**）は，**第1基本形式**といわれるものだが，これは，等長変換で不変である．より具体的にいうなら，等長変換では，第1基本量から成る行列式

$$\begin{vmatrix} E & F \\ F & G \end{vmatrix}$$

の値が不変だ，というのである．だから，等長変換によって第2基本量から成る行列式

$$\begin{vmatrix} L & M \\ M & N \end{vmatrix}$$

の値も不変ならば（――実際，不変であることが示されるが），ガウス曲率Kは不変となる．これを定理としたものは，**ガウスの驚異の定理**といわれる．（等長変換については，**第13節**及び**第3章のa節**も参照．）

以上によって判るように，等長変換は，曲面上の曲線の線素dsを不変に保つ．このようなdsから得られる曲線の長さ

$$s = \int_{t_0}^{t} \sqrt{E\left(\frac{du}{dt}\right)^2 + 2F\frac{du}{dt}\frac{dv}{dt} + G\left(\frac{dv}{dt}\right)^2}\, dt$$

を極小にする曲線を**測地線**という．もちろん，等長変換は，測地線というその性質を不変に保つ．以下，測地線について説明しておこう．

通常座標平面において2点$A(x_1, y_1)$，$B(x_2, y_2)$をとる（**図12－2**）．点Aから点Bへ行く道は無数にある．急がぬ観光の旅なら，いくら遠回りしても構わない

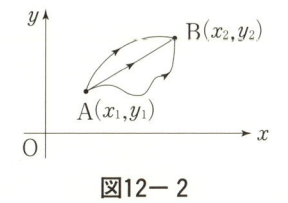

図12－2

が，急ぎの用事のときは最短コースをとるであろう．この場合の最短コースは，もちろん，2点 A, B を直線的に結ぶ線分であり，それが測地線，そしてその長さは
$$\overline{AB} = \sqrt{(x_2-x_1)^2 + (y_2-y_1)^2}$$
である．

では，半径 a，高さ h の円柱面の場合である．**図12－3**のように点 A から点 B へ向かって，そして円柱面上を必ず1周することを条件とするなら，測地線とその長さはどんなものか．これも簡単であろう．

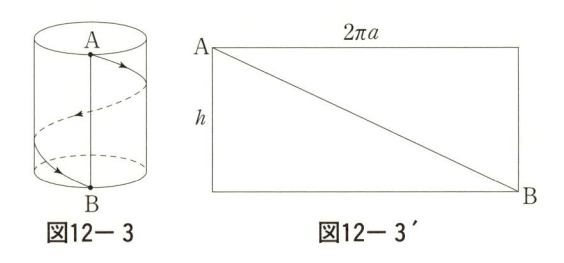

図12－3　　　　　**図12－3′**

この場合の測地線は，円柱面を平面に展開して対頂点の A, B を直線的に結んだものであり，その長さは
$$\overline{AB} = \sqrt{h^2 + 4\pi^2 a^2}$$
である（**図12－3′**）．

円錐面のようなものでも，同様に，平面に展開すれば，測地線とその長さは求められる．これは，大学入試程度かもしれない．

上述のような例での測地線はつまらない．もう少しましな例，となれば，これまで主に扱ってきた半径 a の球面 Σ_a の場合である．Σ_a 上の点 A から点 B へ行く（Σ_a 上の）最短コースであるが，既述のように，球面は平たくはできないので，これは，

容易なことではない．この測地線を求めるには，変分法というものを用いなくてはならないが，それについて延々とやっている暇はないので，ここは，直観的に説明しよう．それは，平面を用いる方法である．平面でΣ_a上の2点A, Bを通って切るようにする．そうすると，その切り口の線，というよりも平面と球面の交線であるが，それは円弧になるであろう．平面は，2点A, Bを通りさえすればよいのだから，そんな円弧はいくらでもできる．そうして平面をいろいろ動かしてゆくと，その平面が球面の中心Oを通るときがある．**図12-4**を見ると，どうやら，平面が3点O, A, Bを通るときの円弧$\stackrel{\frown}{AB}$が測地線だ，という予測が立つであろう．こういう円弧をもつ円周を球面の**大円**という．しかし，少し注意を要する．それは，優弧としての$\stackrel{\frown}{AB}$と劣弧としての$\stackrel{\frown}{AB}$があることである．ここでいう測地線になるのは，この劣弧の方である．（「測地線」というときは，優弧をも含めるのがふつうであるが，ここでは，最短コースだけに限定する．）この測地線，折角だから，せめてその測地線を与える平面の方程式を求めておこう．それは，これまでの叙述から無理のないことだから：

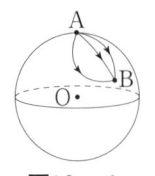

点A, Bの座標をそれぞれ(x_1, y_1, z_1), (x_2, y_2, z_2)とすれば，**式(9-9)**より

$$\begin{vmatrix} x & x_1 & x_2 \\ y & y_1 & y_2 \\ z & z_1 & z_2 \end{vmatrix} = 0, \text{ ただし}$$

$$x_1^2 + y_1^2 + z_1^2 = x_2^2 + y_2^2 + z_2^2 = a^2.$$

一般の曲面でも，測地線は，もちろん，考えられる．測地線は，いわば，曲面上の"直線"というべきものである．測地線は，これからの内容において重要な役割をもつことになる．

さて，元に戻って，ガウス曲率 K が0である曲面 Σ は平面 Π に展開可能であるが，これは，等長変換で $\Sigma \longleftrightarrow \Pi$ と対応させていることに他ならない．もちろん，ガウス曲率 K が0でなくとも，曲面間に等長対応がつくことはあるし，また，幾何学的におもしろいのは，むしろ $K \neq 0$ の方である．これは，大域的には**非ユークリッド幾何学**に関連することでもある．

ガウスは，曲面 Σ 上で三角形を考えた．そしてその Σ 上で3辺が測地線から成る"三角形"(これを**測地三角形**とよび，T で表そう)であるとき，K を T において**面積分**すると，

$$\int_T K dS = (\alpha + \beta + \gamma) - \pi \tag{12-1}$$

という関係式が成り立つ，というのである．ここに α，β，γ はその測地三角形の内角（弧度）である（**図12-5**）．曲面上であるから，測地三角形の各辺は，一般に歪んでいる．各内角は，例えば，α は，点Aにおける2辺（測地線）の接線の交角である．図は，そのことを示している．

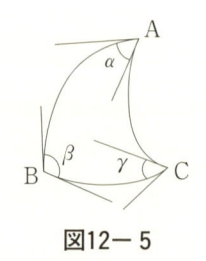

図12-5

式(12-1) は，多少の準備の下で，ストークスの定理というものから導かれるのだが，ここは，具体例でその式の意味を説明するにとどめよう．

まず，$K=0$ の場合であるが，このときは，Σ は平面と同じ

ことであるから,
$$\alpha + \beta + \gamma = \pi$$
となって, これは, ユークリッド幾何で成り立つ三角形の内角の和である.

では, $K>0$ の例として, 球面 Σ_a の場合はどうか. このため, まずは, 一般の曲面 Σ の面積素 ΔS を求めておこう:

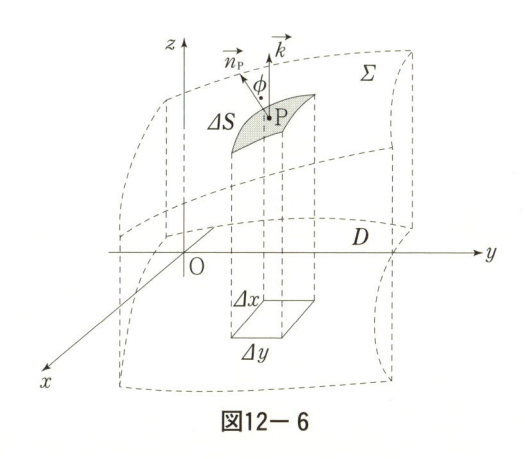

図12-6

図12-6のように, xyz 座標空間にある曲面を $\Sigma : z = f(x, y)$ とする. いま, xy 座標平面における領域 D の面積素を $\Delta x \Delta y$ とし, それに応ずる Σ 上の面積素を ΔS とする. そして Σ 上の点 P$(\in \Delta S)$ における単位法線ベクトルを図のように $\vec{n_P}$ とする. $\vec{n_P}$ と z 方向の単位基本ベクトル $\vec{k}$ とのなす角を Rad ϕ とすれば,

$$\Delta x \Delta y = \Delta S \, \vec{n_P} \cdot \vec{k}$$
$$= \Delta S \cos \phi.$$

式 (5-1), (5-1)′ 及びその辺りの説明からわかるように,

$\cos\phi$ は $\vec{n_p}$ の第3方向余弦である．一般に Σ 上の点 $P(x, y, z)$ における $\vec{n_p}$ の方向ベクトルは

$$\frac{1}{\sqrt{f_x{}^2+f_y{}^2+1}}\begin{pmatrix} \mp f_x \\ \mp f_y \\ \pm 1 \end{pmatrix} \quad \text{（複号同順）}$$

で表される．（いまは，下の方の符号がとられる．）従って

$$\varDelta x \varDelta y = \varDelta S \frac{1}{\sqrt{f_x{}^2+f_y{}^2+1}}$$

となる．だから，Σ の表面積は

$$S = \int_\Sigma dS = \iint_D \sqrt{f_x{}^2+f_y{}^2+1}\, dxdy \qquad (12-2)$$

で与えられる．

こうして**重積分**というものが現れた．こうなると，積分順序が問題になるが，ここではそういう件には触れない（そのような例をしか扱わない）．

まずは，腕試しとして

$$\text{楕円放物面 } z = x^2 + y^2$$

の，領域 $D : x^2 + y^2 < a$ に対応する部分の表面積 S を求めてみよう：

$$z_x = \frac{\partial z}{\partial x} = 2x, \quad z_y = \frac{\partial z}{\partial y} = 2y$$

だから，

$$S = \iint_{D:x^2+y^2<a^2} \sqrt{4(x^2+y^2)+1}\, dxdy.$$

積分は x と y について順次にやればよいのだが，このままで計算するのは煩わしいので，次のように変数変換する：

$$x = r\cos\theta, \quad y = r\sin\theta \quad (0 < r < a,\ 0 < \theta < 2\pi).$$

このとき，右図からわかるように，$\Delta x \Delta y$ が充分に小さいとして
$$\Delta x \Delta y = \Delta r \cdot r \Delta \theta$$
が成り立つ．従って
$$S = \int_0^{2\pi} \left(\int_0^a \sqrt{4r^2+1}\, r dr \right) d\theta$$
$$= 2\pi \int_0^a \sqrt{4r^2+1}\, r dr.$$

ここまでくると，あとは，高校数学での積分計算に過ぎない．

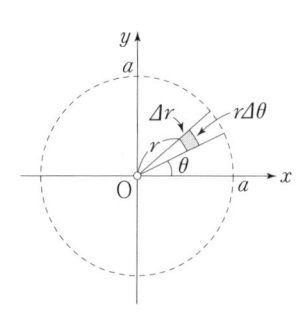

図12－7

$$S = \frac{\pi}{6} \int_0^a \{(4r^2+1)^{3/2}\}' dr$$
$$= \frac{\pi}{6}\{(4a^2+1)^{3/2} - 1\}$$

となる．

では，つぎは，球面 Σ_a の表面積である．このときは，$z > 0$ の上半球面
$$z = \sqrt{a^2 - (x^2+y^2)}$$
の方程式から
$$z_x = -\frac{x}{\sqrt{a^2-(x^2+y^2)}}, \quad z_y = -\frac{y}{\sqrt{a^2-(x^2+y^2)}}.$$

こうして上例のように計算できるが，この場合は，直接，面積素 ΔS を評価する簡便法があるので，それを起用しよう．これも右図からわかるように

$$\Delta S = a \Delta \theta \cdot a \sin\theta \Delta \phi$$

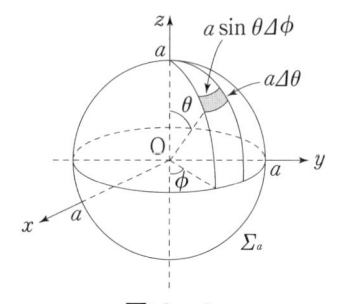

図12－8

$$= a^2 \sin\theta \Delta\theta \Delta\phi.$$

従って

$$S = \int_{\Sigma_a} dS$$
$$= \int_0^{2\pi} \left(\int_0^{\pi} a^2 \sin\theta d\theta \right) d\phi$$
$$= 4\pi a^2.$$

さて，**式 (12－1)** であるが，球面 Σ_a の簡単な場合で，それを確認してみよう：

いま，**図12－9**のように，Σ_a 上に2点 A，B と xyz 座標空間の原点 O を通る平面によって切られる測地線 $\widehat{AB}$, そして同様に測地線 $\widehat{BC}$ と $\widehat{CA}$ がある．(Σ_a 上で3点 A, B, C は "正三角形" を形成する．) そこで $K = 1/a^2$ を $T = \Sigma_a/8$ において面積分する：

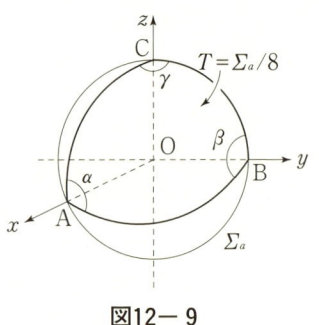

図12－9

$$\int_{\Sigma_a/8} \frac{1}{a^2} dS = (\alpha + \beta + \gamma) - \pi.$$

$\Sigma_a/8$ の表面積は $4\pi a^2/8 = \pi a^2/2$ だから，上式は

$$\frac{\pi}{2} = (\alpha + \beta + \gamma) - \pi,$$

従って

$$\alpha + \beta + \gamma = \frac{3\pi}{2}$$

が得られる．（大層なやり方をしているが，各球面角 α, β, γ は $\alpha = \beta = \gamma = \pi/2$ であるから，これは，当然の結果である．）

一般に球面上の大円弧の交わる3点から成る三角形は，**球面**

三角形といわれる．(これは，古代から知られていた．) 半径1の単位球面のときは，その3辺 $\widehat{AB}$, $\widehat{BC}$, $\widehat{CA}$ は弧度に他ならない．(球面三角法では，ふつう，単位球面を用いる．)

これまでの叙述から，大体，わかっていただけたであろうが，事は，ユークリッド幾何学から非ユークリッド幾何学へと移り変わってきている．
正の定曲率をもっている球面上の三角形では，その内角の和は
$$\alpha + \beta + \gamma > \pi$$
であって，このような曲面上での幾何学は
楕円型非ユークリッド幾何学
といわれる．
この明白な形での提唱は，ガウスとリーマンによる．

他方，負の定曲率をもっている曲面上の三角形では，その内角の和は
$$\alpha + \beta + \gamma < \pi$$
であって，このような曲面上での幾何学は
双曲型非ユークリッド幾何学
といわれる．

(これらの名称は，**第3章**の**a節**で紹介される数学者クラインによる．)

双曲的非ユークリッド幾何学は，ハンガリーの数学者**ボリアイ**(J. Bolyai)とロシアの数学者**ロバチェフスキー**(I. Lobatchevski)によって独立に提唱されたものである．このモデルは，それほど手軽には得られないが，代表例としては，イタリアの数学者**ベルトラミ**(Beltrami)によって見出された**擬球**(**面**)といわれるものがある．これについて少し述べておこ

う：

双曲線関数というものを御存知の人は多いであろう．
$$\sinh x = \frac{e^x - e^{-x}}{2}, \ \cosh x = \frac{e^x + e^{-x}}{2}$$
で与えられるこれらは，
$$(\cosh x)^2 - (\sinh x)^2 = 1$$
を満たす．$\cosh x = X$, $\sinh x = Y$ とおけば，上式は $X^2 - Y^2 = 1$ という（直角）双曲線の方式と見れる．これが，「双曲線関数」の名の由来である．曲線
$$y = \frac{e^x + e^{-x}}{2}$$
は，**懸垂線**あるいは**カテナリー**（**catenary**）とよばれている．さて，一般に，曲線の上に一定の長さの糸をぴったりと乗せておいて，一端を固定して，他端を（糸がピンと張った状態で）ほどいてゆくとき，その他端の軌跡を，その曲線の**伸開線**という．図12−10は，懸垂線の1点 (0, 1) から始まる伸開線を示したものである．この伸開線は**弧曲線**あるいは**トラクトリックス**（**tractrix**）といわれるもので，x 軸はこの曲線の漸近線になる．

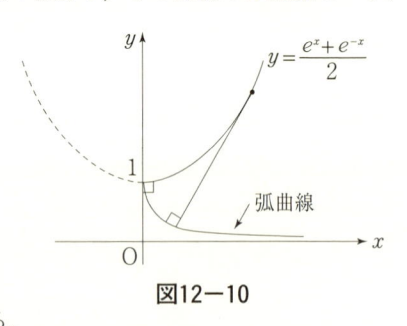

図12−10

この弧曲線は，t を媒介変数として
$$\begin{cases} x = \log \tan \frac{t}{2} + \cos t \\ y = \sin t \end{cases} \quad (\log \text{ は自然対数})$$
で表される．（この表式は，初等数学の範囲で求められる．少

し煩わしい計算ではあるが．）そして弧曲線をx軸，すなわち，漸近線の回りに回転してできる曲面，それが擬球である．（ボリアイ・ロバチェフスキーの幾何学は，このベルトラミ・モデル上の幾何学ともちろん同等であることが示される．）初等数学的とはいえ，このモデルを発見するのは容易なことではない．

双曲型非ユークリッド幾何については**第3章**の**d節**で少し詳しく述べてある．

このように非ユークリッド幾何学は，曲面上で幾何学を展開することから認識されたのである．
さて，ここまでくると，いよいよ，リーマン幾何学の扉の前に立ったことになる．リーマンとて，ユークリッド幾何学から，いきなりリーマン幾何学を提唱できたわけではない．それは，大恩師ガウスの幾何学からの恩恵の賜というべきものだったのである．ガウスは，**複素数平面の案出**，**代数的整数論の展開**，**曲面幾何学の樹立**，と近代数学に至る道を開拓した．それゆえ，**第0章**でも述べたように，「近代数学の父祖」と称えられるわけである．

13　リーマン空間の提唱

第0章でも述べたように，リーマンは，ゲッチンゲン大学私講師への就職講演として，ガウスの幾何学を大きく一般的に発展せしめる幾何学を提唱したのであった．これから，リーマンが提唱したそのことについて，その要点をうんと砕いて説明致

そう.

　リーマンが考えたのは, まず, 空間を, その構成法に従って明確にすることであった. それまでの数学における1次元, 2次元, 3次元という用語は, 単に, 経験的範囲内で（漠然と）述べられてきたに過ぎない. そもそも, 数学的には, 更に4次元, 5次元, …, n 次元という具合に拡張されて然るべきである. では, それらの次元は, どのようにして付与されるべきものか. このためにリーマンは, "n 重に拡がったもの（空間）"という表現を用いた.

　そこで, まず, 1重に拡がった空間であるが, これは, 点の運動の軌跡から得られるもの, すなわち, 曲線に他ならない. つぎに, こうして得られた曲線を適当に連続的に動かしてゆくと, 2重に拡がった空間が得られる. これは曲面に他ならない. さらに, その曲面を適当に連続的に動かしてゆくと, 3重に拡がった空間が得られる. これは立体に他ならない. 以下の図は, 上述の例示である.

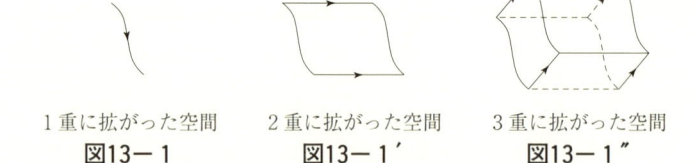

1重に拡がった空間	2重に拡がった空間	3重に拡がった空間
図13−1	図13−1′	図13−1″

こうして空間の次元の拡張が成されてゆく訳である. そしてさらにその立体を動かす. しかし, それまで見られたような感覚的な次元の拡張は起こらない！　どう動かしても, 空間の次元は3次元のままである. つまり,

```
図13-1  ──移行──→  図13-1′
1次元              2次元

図13-1′ ──移行──→  図13-1″
2次元              3次元,
```

というような次元の増加は生じないのである．しかし，これは，感覚的運動によっているからであって，"数覚的運動"によっては空間の次元は4次元へと増加して4重に拡がった空間はできる．これは，人間の感覚では捉えることはできない．しかし，小平邦彦（日本人初のフィールズ賞受賞者——1954年）による造語である"数覚"というものでは捉えることはできる．ともかく，こうして4次元，5次元，…，n次元の空間が構成されてゆくことになる．

それまでは，xyz座標空間のようなものだけを「空間」といってきたのだが，リーマン流には，曲線や曲面もそれぞれ一つの空間になるのである．そのような空間に座標系を導入して幾何学を展開してゆく．座標系は，その空間の点の位置を表すためのものである．位置座標と長さとの独立性をリーマンは強くつよく主調しているが，それは，この視点がリーマン幾何学の最拠点だからである．こうしてn次元空間中の曲線の「絶対的長さ」という幾何学量を想定して，空間の解析のために，その長さを変えないような様々な座標系をとる自由度を許す，これが，先走ったことではあるが，**リーマン幾何学**というものの核心的観念である．こうなると，それまでの，例えば，xyz座標軸系の枠にとらわれなくとも幾何学ができるようになるのである．ここでいう「空間」を，リーマンは，"多様体"といってあるが，この概念は，当時は，まだ，生まれたばかりのものゆえ，

きちんとした定義にはなっていない．それゆえ，本著では，既述のように「空間」ということにする．(尤も，これとてきちんとした定義は要るのだが．)

さて，**式 (11-5)″** からわかるように，ガウスは，曲面上の微小に離れた2点間の線素 Δs（の2乗），即ち，第1基本形式を

$$\Delta s^2 = E(\Delta u)^2 + 2F\Delta u \Delta v + G(\Delta v)^2 \qquad (13-1)$$

で与えた．リーマン流には，これは

$$\Delta s^2 = \sum_{k=1}^{2}\sum_{j=1}^{2} g_{jk} \Delta x_j \Delta x_k \quad (g_{jk} = g_{kj}) \qquad (13-2)$$

と表される．**式 (13-2)** は

$$\Delta s^2 = g_{11}(\Delta x_1)^2 + 2g_{12}\Delta x_1 \Delta x_2 + g_{22}(\Delta x_2)^2$$

であるから，**式 (13-1)** に合わせて $\Delta x_1 = \Delta u$, $\Delta x_2 = \Delta v$ とすれば，ガウスの第1基本量は

$$g_{11} = E, \quad g_{12} = g_{21} = F, \quad g_{22} = G$$

ということになる．g_{jk} は位置座標の関数で，一般に，$g_{jk}(x_1, x_2)$ と表される．

リーマンは，幾何学的対象を曲面に限定していないので，一般の n 次元空間では，線素は

$$\Delta s^2 = \sum_{k=1}^{n}\sum_{j=1}^{n} g_{jk} \Delta x_j \Delta x_k \quad (g_{jk} = g_{kj}) \qquad (13-3)$$

で与えられる．こうして線素 Δs が得られる空間は，後に，**リーマン空間**といわれるようになった．
関数 $g_{jk} = g_{jk}(x_1, x_2, \cdots, x_n) = g_{kj}$ は $n(n+1)/2$ 個が独立である．このような関数の組を**リーマン計量**という．

簡単のため，$n=2$ としよう．つまり，**式 (13-2)** に限定

する．そして，いま，あるリーマン空間に（自明でない）等長変換が存在するとしよう．このとき，（**第1章**の**第12節**の始めの方で述べた）等長変換——その無限小版——は

(x_1, x_2) を

$(x'_1, x'_2) = (x_1 + tu_1(x_1, x_2), x_2 + tu_2(x_1, x_2))$ (13—4)

$$\left(u = \begin{pmatrix} u_1 \\ u_2 \end{pmatrix} \text{の長さは1としてよい}\right)$$

と変換したとき，Δs^2 が変わらない，ということで表現される．ここに t は調整のための媒介変数で 0 に充分近い値をとるもの（$t \sim 0$ と表す）であり，また，u_1, u_2 はどちらも x_1, x_2 の関数である．

しかし，第1基本形式 Δs^2 はより一般的に座標系のとり方によるべきではない．これまで幾度も繰り返したように，線素の長さは，位置を表す座標系の目盛とは独立だからである．それゆえ

(x_1, x_2) を

$(x'_1, x'_2) = (f_1(x_1, x_2), f_2(x_1, x_2))$ (13—5)

というように，座標系を勝手に変えても，Δs^2 は不変でなくてはならない．（"勝手に"とはいっても，数学的には然るべき条件はあるが．）このような一般的座標変換では，リーマン計量も実質的に変わってくるので，それは，一般に $g'_{jk}(x'_1, x'_2)$ と表記されるべきである．そうすると，すぐ上で述べたことは

$$\Delta s^2 = g_{11}(x_1, x_2)(\Delta x_1)^2 + 2g_{12}(x_1, x_2)\Delta x_1 \Delta x_2 \\ + g_{22}(x_1, x_2)(\Delta x_2)^2 \\ = g'_{11}(x'_1, x'_2)(\Delta x'_1)^2 + 2g'_{12}(x'_1, x'_2)\Delta x'_1 \Delta x'_2 \\ + g'_{22}(x'_1, x'_2)(\Delta x'_2)^2 \quad (13—6)$$

と表されることになる．t を媒介変数とすれば，**式(13—6)**は

$$\Delta s^2 = \left[g_{11}(x_1(t),\ x_2(t))\left(\frac{dx_1}{dt}\right)^2 \right.$$
$$+ 2g_{12}(x_1(t),\ x_2(t))\frac{dx_1}{dt}\frac{dx_2}{dt}$$
$$\left. + g_{22}(x_1(t),\ x_2(t))\left(\frac{dx_2}{dt}\right)^2 \right](\Delta t)^2$$
$$= \left[g'_{11}(x'_1(t),\ x'_2(t))\left(\frac{dx'_1}{dt}\right)^2 \right.$$
$$+ 2g'_{12}(x'_1(t),\ x'_2(t))\frac{dx'_1}{dt}\frac{dx'_2}{dt}$$
$$\left. + g'_{22}(x'_1(t),\ x'_2(t))\frac{dx'_1}{dt}\frac{dx'_2}{dt} \right](\Delta t)^2 \quad (13-6)'$$

と表される．全微分の**式 (11-4)** を用いることによって上**式 (13-6)′** を解析してみる．まず，

$$\frac{dx'_1}{dt} = \frac{\partial f_1}{\partial x_1}\frac{dx_1}{dt} + \frac{\partial f_1}{\partial x_2}\frac{dx_2}{dt},$$
$$\frac{dx'_2}{dt} = \frac{\partial f_2}{\partial x_1}\frac{dx_1}{dt} + \frac{\partial f_2}{\partial x_2}\frac{dx_2}{dt}$$

であるから，これらを**式 (13-6)′** に代入する．(以後，$g'_{jk}(x'_1,\ x'_2)$ を単に g'_{jk} と表記する．)

$$\Delta s^2 = \left\{ \left[\left(\frac{\partial f_1}{\partial x_1}\right)^2 g'_{11} + 2\frac{\partial f_1}{\partial x_1}\frac{\partial f_2}{\partial x_1}g'_{12} + \left(\frac{\partial f_2}{\partial x_1}\right)^2 g'_{22} \right]\left(\frac{dx_1}{dt}\right)^2 \right.$$
$$+ 2\left[\frac{\partial f_1}{\partial x_1}\frac{\partial f_1}{\partial x_2}g'_{11} + \left(\frac{\partial f_1}{\partial x_1}\frac{\partial f_2}{\partial x_2} + \frac{\partial f_1}{\partial x_2}\frac{\partial f_2}{\partial x_1}\right)g'_{12} \right.$$
$$\left. + \frac{\partial f_2}{\partial x_1}\frac{\partial f_2}{\partial x_2}g'_{22} \right]\frac{dx_1}{dt}\frac{dx_2}{dt}$$
$$+ \left[\left(\frac{\partial f_1}{\partial x_2}\right)^2 g'_{11} + 2\frac{\partial f_1}{\partial x_2}\frac{\partial f_2}{\partial x_2}g'_{12} + \left(\frac{\partial f_2}{\partial x_2}\right)^2 g'_{22} \right]$$
$$\left. \cdot \left(\frac{dx_2}{dt}\right)^2 \right\}(\Delta t)^2.$$

座標系のとり方は勝手であるから，この式と**式 (13－6)′** の前の方の式を比べて

$$g_{11} = \left(\frac{\partial f_1}{\partial x_1}\right)^2 g'_{11} + 2\frac{\partial f_1}{\partial x_1}\frac{\partial f_2}{\partial x_1}g'_{12} + \left(\frac{\partial f_2}{\partial x_1}\right)^2 g'_{22},$$

$$g_{12} = \frac{\partial f_1}{\partial x_1}\frac{\partial f_1}{\partial x_2}g'_{11} + \left(\frac{\partial f_1}{\partial x_1}\frac{\partial f_2}{\partial x_2} + \frac{\partial f_1}{\partial x_2}\frac{\partial f_2}{\partial x_1}\right)g'_{12} + \frac{\partial f_2}{\partial x_1}\frac{\partial f_2}{\partial x_2}g'_{22},$$

$$g_{22} = \left(\frac{\partial f_1}{\partial x_2}\right)^2 g'_{11} + 2\frac{\partial f_1}{\partial x_2}\frac{\partial f_2}{\partial x_2} + \left(\frac{\partial f_2}{\partial x_2}\right)^2 g'_{22}$$

が得られる．これが，$n=2$ のときの**リーマン計量の変換法則**である．

少しまとめると，

$$g_{11} = \sum_{j,k=1}^{2} \frac{\partial f_j}{\partial x_1}\frac{\partial f_k}{\partial x_1}g'_{jk},$$

$$g_{12} = \sum_{j,k=1}^{2} \frac{\partial f_j}{\partial x_1}\frac{\partial f_k}{\partial x_2}g'_{jk},$$

$$g_{22} = \sum_{j,k=1}^{2} \frac{\partial f_j}{\partial x_2}\frac{\partial f_k}{\partial x_2}g'_{jk}$$

となる．さらにまとめると，

$$g_{\ell m} = \sum_{j,k=1}^{2} \frac{\partial f_j}{\partial x_\ell}\frac{\partial f_k}{\partial x_m}g'_{jk} \tag{13－7}$$

$$(\ell = 1, 2 ; m = 1, 2)$$

となる．逆に

(x'_1, x'_2) を

$$(x_1, x_2) = (\tilde{f}_1(x'_1, x'_2), \tilde{f}_2(x'_1, x'_2)) \tag{13－8}$$

と変換したときは，

$$g'_{\ell m} = \sum_{j,k=1}^{2} \frac{\partial \tilde{f}_j}{\partial x'_\ell}\frac{\partial \tilde{f}_k}{\partial x'_m}g_{jk} \tag{13－9}$$

となる．

最大限の可能な一般的座標変換によって Δs^2 が不変，とい

う条件から得られる計量間の関係式は，このような形でまとめ上げられる．n 次元であっても同様である．かくして，リーマン幾何学の扉は開かれたのであった．**式 (13－7)，(13－9)** のような変換法則に従う量は，後に**テンソル (tensor)** といわれるようになった．計量 g_{jk} は **2 階のテンソル**（の成分）である．因みに，リーマン空間のベクトルは 1 階のテンソルである．テンソルはいくらでも高階のものが存在する．こうして様々な幾何学的概念が導入され，そして幾多の微分幾何学者によって，リーマン幾何学は高層に構築されゆくのであるが，そのひとこまについては，**第 3 章の a 節**を読まれたい．

Coffee Break Ⅱ

数学をやるために必要な才能は，「感覚ではなく，"数覚" である」，と小平邦彦先生はいわれた．一方，「数学的センス」というのは，漠然としながらも，よく見聞される言葉である．こうして二つの文節を並べるなら，その漠然とした「数学的センス」というものは "数覚" のこと，になろう．**第13節**で，4 次元，5 次元，…という用語が現れた．これらは，3 次元的である人間の感覚を超越した次元である．そのような世界を捉えるには，頭を数論的にしなくてはならない．人間の感覚の一つである視覚の及ばない高次元における幾何学は，数論を手段として構築されている．だから，基本的には，幾何学をやるとて，代数学と同様に，数論に強くなくてはやってゆけない．それゆえ幾何学者は，代数学における整数論にも強い．ガウスはその最たる例であった．数論に強いことは，数学に強いための必要

条件である，ということは間違いない．

　ここで，"数学に強い"，とは云ったものの，これは，注意を要する表現である．ここで述べたそれは，あくまでも，「他の人間に比べて」という相対的な意味でのものである．絶対的な意味において「数学に強い」といえる人間，あるいは，同じことだが，「数学は易しい」といえる人間は，世界に1人もいない．その証拠に，初等整数論だけでも，いかなる天才数学者とて解決できていない問題が少なくはない．これは，整数の範囲に限っても，「数の自然界」が無限だからである．さらに実数を含めた「数の自然界」は大きい方にも（絶対値の）小さい方にも無限である．これらの無限界には，人智の及んでいない未開拓の世界が，無数に存在するであろう．人間の小賢しい頭脳を遙かに凌駕して，この無限の自然界は君臨している．

　未解決問題までゆかなくとも，数学そのものは，やはり，「難しい」，というのは事実である．にも拘らず，例えば，数学の試験のようなものは急かす．これは，"速答者＝優秀者"，と決めつけていることになるのだが，果たしてどうか．別の例を引き合いにするなら，"速記者＝達筆者"ではあるまいに．

　就中，どういうものの本であったか，定かではないが，小平先生が，ある私立中学か高校か，そこの入試問題に挑戦された，という．結構，難しかったらしく，その制限時間内では，7〜8割程度しか得点できなかったようである．加えて次のようなことを述懐：「だからといって，より得点できたその生徒達が，ぼくより優秀な頭脳，ということにはならないでしょう」，と．さりとて，小平先生は，試験そのものを否定されているわけではない．それはそうである．試験は必要である．ただ，試験問題やその仕方に少なからず難点がある，ということを暗喩して

おられたのであった．

　数学の試験で，どうしたら，数覚（——高校生辺りまでは，それは，概して潜在的なものである——）を判定できるのか．それは易しいことではない．数覚を判別するには，まずは，それを，より明確にしなくてはならないであろうが，多分にそれは，数論における

（高い）**分析力**と（的確な）**予測力**

と考えられる．これらの力は，たとえ，どれ程の豊かな資質をもち併せていても，暗記などから培われるものではなく，やはり，自ら徹底的に考え抜く他に研磨の仕様はないであろう．数学史を顧みるに，往年の大数学者達は，上述の力が，他の人間達に比べて，抜群に強い．このことは，反対に，それらの力が弱い程，数学までも，暗記に頼らざるを得なくなる，ということを示唆していると考えられる．

第2章 リーマンの数学 ア ラ カルト

A リーマン面

A・1 ガウス平面

これから，しばらくは，**複素数**とそれにまつわる幾何学についての案内である．周知のように，**虚数単位** $i = \sqrt{-1}$ は，2次方程式 $x^2 + 1 = 0$ の根（解）として登場する．$x^2 + 1 = 0$ は実数だけに限定すれば根無しであるが，そうすると，数学的に自由が利かず，大変やりづらい．それは，ガウス以前の数学者達も，常々，そう思っていた．しかし，i を，実数のような"外在的数"として受け容れるわけにはゆかない．そこで，しばしば，i は"便宜上の（架空の）数"として扱われた．しかし，ガウスは，そういう扱いは，数学を窒息させてその発展を阻止してしまうばかりでなく，数学的審美をも損う，ということをかなりの若年の時から悟っていた．今日，**代数学の基本定理**といわれる定理：

「n 次代数方程式
$$x^n + a_1 x^{n-1} + a_2 x^{n-2} + \cdots + a_n = 0 \quad (n \geq 1)$$
は n 個の（虚数）根をもつ」

これは，1797 年，20 歳になるかならないかのガウスによって，始めて，複素数論的に証明されたことが知られている（係数 a_1，……，a_n は実数でも複素数でもよい）．このことは，ガウスが

虚数あるいは複素数を「数」として扱うことに，殆ど，抵抗が無かったことの歴然とした証拠である．高校数学では，ふつう，係数を実数として $n=2$ のときを扱う：

$$x^2+ax+b=0 \quad \text{の根は} \quad x=\frac{-a\pm\sqrt{D}}{2},$$
$$D=a^2-4b.$$

この D は，2次方程式の判別式といわれ，$D<0$ のときは，根は虚根となる．高校数学では，複素数という歴史的に新しい数が，何の躓きも無かったかのように，淡々と登場したりする．しかも，そのすぐ後に，これまた，淡々と複素数平面というものが登場する．複素数を扱ったからとて，それと複素数平面は，すぐには結びつくものではない，にも拘らずである．

「**複素数平面**」，これそのものは，ガウスの発見的着想によるものである．しかし，その発見がどれだけの大難事であることか，ということはさっぱり強調されない．それまでの xy 座標軸の y 軸が虚軸 iy に置き換わる，というあまりにも突拍子のない概念だけに，当のガウスですら，「このような平面を考えて本当によいのであろうか？」，という疑念をなかなか払い切れなかった，その程のものなのだが．ガウスがそういう疑念をなかなか払えなかった，という証拠は，複素数平面というものをはっきりとした形で公表したのが 1831 年，ガウス 50 歳代前半であることによる．――因みにそれ以前の 1811 年，ガウスが，複素数平面について，**ベッセル (F. W. Bessel)** という数学者へ私信で伝えていたことが知られている．それ程の恐るべき発見概念を，高校数学等では，(概観されるに，) サラリと説明して事足れり，としているようであるが．しかし，既成判明事だと割り切っても，「複素数平面」というものは，単なる xy 平面

(**デカルト平面**ともいう)とは,「全く」,という程に大きな違いがある.だが,それをしも,比較論的に強調されたことは,これまで見聞されない.(ただ,規則を述べて,あとは慣れさせるのみ.) 単なる xy 平面と複素数平面とは,一面では似たところはある.しかし,他面では大きな違いがある.しかるに,どうも,この自明な前者の方が強調されていて,後者の方が殆ど強調されていないように見える.そこで,この著では,xy 平面と複素数平面の類似点と非類似点を比較論的に強く明示致そう.

まず,類似点については,簡単であって,**図A・1－1**を見ていただければ,一目瞭然であろう.

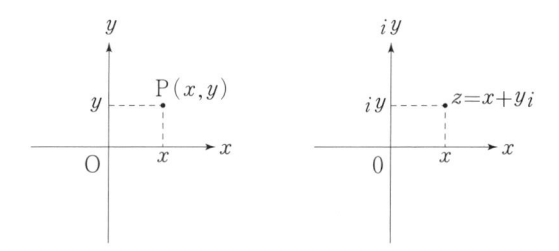

xy 平面の点 $P(x, y)$ は複素数平面の点 $z = x + yi$ と 1 対 1 に対応する.

図A・1－1

つぎに,非類似点については,**図A・1－2**を見られたい.

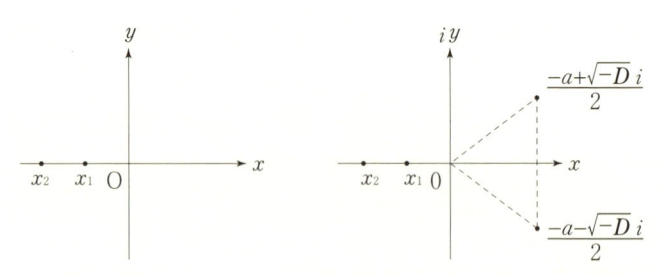

x_1, x_2 は $D>0$ の場合の $x^2+ax+b=0$ の2実根として，どちらの平面にもそれらは位置する．しかし，$D<0$ の場合，$x^2+ax+b=0$ の2根は複素数根であって（左側の）xy 平面にはその位置する所が無い；複素数平面には図のようにちゃんと（互いに**複素共役**な）2虚根の位置する所が有る．

図A・1－2

　図A・1－2での説明の通り，複素数平面には，2虚根の位置する点が存在するのである．このことは，デカルト平面では捉え所の無かった複素数が，今や，

平面幾何として捉えられる

ということを，強く示唆しているのである．これが，ガウスの偉大さである．それゆえ，複素数平面は，ガウスの名を称えて，**ガウス平面**といわれる．

　以上から幾許なりとも，わかっていただけたことであろうが，実数の世界でのことは複素数の世界で数論的にも幾何学的にも，大概，語れる；しかし，複素数の世界でのことは実数の世界では，（次元を拡張しない限り，）全く語れない．
「複素数の世界は広大である．そこには，人智未見の沢山の数学的宝物がある」，ということをガウスは看破していたのである．

　さて，高校数学教科書にあるような複素数の基本的事柄につ

いては説明している暇はないが，後の著述のために必要となることを最少限でも説明しておく．

ガウスは，前に述べたように，n 次方程式の研究をした．その特殊な1例である

$$x^n = 1 \quad (n \geq 2) \qquad (\mathbf{A \cdot 1 - 1})$$

は**円周等分方程式**，略して**円分方程式**といわれているものである．この方程式を解くには，**ド・モアブル (de Moivre) の定理**というものを要する．これは，次の様な等式が成り立つ，ということである．

$$(\cos\theta + i\sin\theta)^n = \cos n\theta + i\sin n\theta \qquad (\mathbf{A \cdot 1 - 2})$$
$$(n \text{ は整数}).$$

これは，三角関数の加法公式を用いて示される．一般に

$(\cos\theta + i\sin\theta)(\cos\theta' + i\sin\theta')$

$= \cos\theta\cos\theta' - \sin\theta\sin\theta' + i(\sin\theta\cos\theta' + \cos\theta\sin\theta')$

$= \cos(\theta + \theta') + i\sin(\theta + \theta')$

が成り立つから，$\theta' = \theta$ とすれば，

$(\cos\theta + i\sin\theta)^2 = \cos 2\theta + i\sin 2\theta$

が得られる．これを繰り返すのみである．

そこで，**式 (A・1 − 1)** であるが，両辺の絶対値をとって $|x^n|(=|x|^n) = 1$，それゆえ $x = \cos\theta + i\sin\theta$ $(0 \leq \theta < 2\pi)$ と表してド・モアブルの定理を用いることで

$$x^n = \cos n\theta + i\cos n\theta = 1.$$

これより

$$\theta = \frac{2k\pi}{n} \quad (0 \leq k \leq n-1)$$

を経て

$$x = \cos\frac{2k\pi}{n} + i\sin\frac{2k\pi}{n}$$

が得られる．$n=6$ としてこれらの根をガウス平面に図示すれば，**図A・1－3**のようになる．
図中，
$$z_k = \cos\frac{2k\pi}{6} + i\,\sin\frac{2k\pi}{6}$$
$$(0 \leq k \leq 5)$$
である．

ド・モアブルがその定理を発見

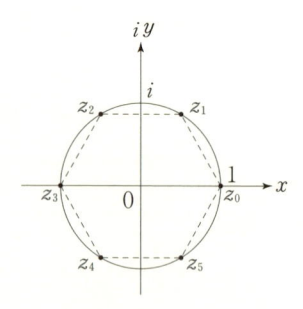

図A・1－3

して自著に載せて公表したのは 1700 年頃である．そしてその後に生まれた**オイラー**（**L. Euler**）は次の等式を導いた：
$$e^{i\theta} = \cos\theta + i\sin\theta \qquad (\text{A}\cdot 1-3)$$

オイラーは，テイラー展開を形式的に（＝粗く）用いてこの等式を導いている．しかも，実数と虚数を闇雲に混合しながら．（そのようなやり方に疑念をもつことすらなく．オイラーの時代では仕方のないことでもあるが．）
しかし，はるか後の「**複素関数論**」というものによれば，**式（A・1－3）**は結果論的に正しいことが立証される．オイラーは，一方では，その数学的業績は非常に多いが，他方では，数学的に多くの誤りを冒したことでも有名である．ともあれ，**式（A・1－3）**は，途中経過はともかく，結果的には正しいので，なんとか面目は失わずに済んだわけである．以後，**式（A・1－3）**は**オイラーの公式**といわれるようになった．

　式（A・1－3）を見ただけでは釈然としない人のために，形式的にでも，それを導いておこう．
$$f(\theta) = \cos\theta + i\sin\theta \quad (\theta = \text{Rad}\,\theta)$$
とする．θ で微分してよいとすれば（これは**仮定**である），

$$f'(\theta) = -\sin\theta + i\cos\theta$$

となる．ところが，この右辺は

$$-\sin\theta + i\cos\theta = i(\cos\theta + i\sin\theta)$$
$$= if(\theta)$$

であるから，結局，

$$f'(\theta) = if(\theta)$$

という式になる．逆にこれを微分方程式と見做して形式的に解けば，

$$f(\theta) = \cos\theta + i\sin\theta = e^{i\theta}$$

が得られるわけである．以後，これを認めてゆくことにする．

かくして，ド・モアブルの定理は，n が整数のとき，

$$(e^{i\theta})^n = e^{in\theta} \quad (\text{指数法則})$$
$$= \cos n\theta + i\sin n\theta \qquad (\text{A}\cdot 1 - 4)$$

と表されることになる．こういう具合いに指数法則で表すと，n は有理数であってもよいことが容易に示される．

さて，ガウス平面上の点 $z = x + yi$ であるが，z の大きさ（長さ）$|z|$ を

$$|z| = \sqrt{x^2 + y^2} = r \quad (\geqq 0)$$

で定義すると，z は

$$z = r(\cos\theta + i\sin\theta) = re^{i\theta} \qquad (\text{A}\cdot 1 - 5)$$

と表される．これを z の極形式という（**図 A・1－4**）．$\mathrm{Rad}\,\theta = \theta$ は，この場合，z の**偏角**といわれ，

$$\arg z = \theta$$

で表される．

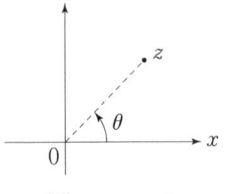

図 A・1－4

$0 \leqq \theta < 2\pi$ とすれば，
$$\arg z = \theta + 2n\pi \quad (n \text{ は整数})$$
と表される．$n=0$ のとき，$\arg z = \theta$ $(0 \leqq \theta < 2\pi)$ を**偏角の主値**といって，ふつう，$\mathrm{Arg}\, z$ と表す．$-\pi \leqq \theta < \pi$ を主値とすることも多いので，前後関係で判断されたい．偏角に関しては，以下の自明な諸公式が成り立つ：

$$\arg(z_1 z_2) = \arg z_1 + \arg z_2 \qquad (\mathrm{A}\cdot 1-6)$$
$$\arg \frac{z_1}{z_2} = \arg z_1 - \arg z_2 \qquad (\mathrm{A}\cdot 1-6)'$$

ただし，$2n\pi$ (n は整数) 分を除く．

式 (A・1−6) が成り立つことを示しておこう：
$z_1 = r_1 e^{i\theta_1}\ (r_1 \geqq 0)$, $z_2 = r_2 e^{i\theta_2}\ (r_2 \geqq 0)$ と表せば，
$$z_1 z_2 = r_1 r_2 e^{i(\theta_1 + \theta_2)}$$
ところが，どんな θ_1, θ_2 にも関わらず，$1 = e^{i2n\pi}$ であるから，
$$\arg(z_1 z_2) = \theta_1 + \theta_2$$
$$= \arg z_1 + \arg z_2$$
$$(2n\pi \text{ 分を除いて})$$
となるわけである．

ガウス平面に慣れていただくために，その平面上の簡単な幾何 (高校数学程度) を少し講じておくことにする．

まず，ガウス平面上の直線について，**図A・1−5**は相異なる2点 z_1, z_2 を通る直線 l とその上の点 z を表したものである．このとき，z に対して
$$z - z_1 = k(z_2 - z_1)$$
となる実数 k がある．従って

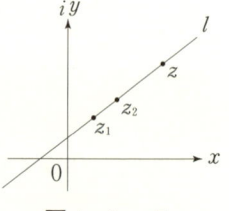

図A・1−5

$$l : \frac{z - z_1}{z_2 - z_1} = k \qquad (\text{A}\cdot 1-7)$$

という表式が得られる．これは，

$$\mathrm{Arg}\left(\frac{z - z_1}{z_2 - z_1}\right) = 0 \quad \text{または} \quad \pi$$

からも明らかなことである．このようなとき，3点 z_1, z_2, z は**共線条件**を満たす，といわれる．

つぎに，ガウス平面上の点 α を中心とする半径 r の円 C の方程式であるが，これは，**図A・1－6**から，明らかに

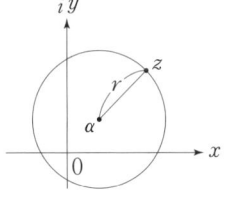

$$C : |z - \alpha| = r. \qquad (\text{A}\cdot 1-8)$$

図A・1－6

ついでに，ガウス平面の円周上の相異なる4点 z_1, z_2, z_3, z_4 が満たす関係式を与えておく．

このとき，凸四角形 $z_1 z_2 z_3 z_4$（これは四つの複素数の積ではない——念のために）は円に内接しているから，向かい合う内頂角は互いに補角をなす．

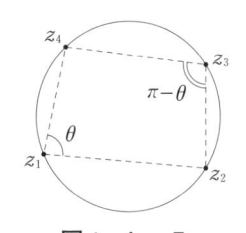

図A・1－7

図（A・1－7）の場合では

$$\mathrm{Arg}(z_4 - z_1) - \mathrm{Arg}(z_2 - z_1) = \theta,$$
$$\mathrm{Arg}(z_2 - z_3) - \mathrm{Arg}(z_4 - z_3) = \pi - \theta$$

となる．すなわち，

$$\mathrm{Arg}\frac{z_4 - z_1}{z_2 - z_1} = \theta,$$
$$\mathrm{Arg}\frac{z_2 - z_3}{z_4 - z_3} = \pi - \theta$$

ということである．これらを辺々相加えて

$$\mathrm{Arg}\left(\frac{z_4-z_1}{z_2-z_1}\cdot\frac{z_2-z_3}{z_4-z_3}\right)=\pi. \qquad (\mathbf{A\cdot 1-9})$$

従って

$$\frac{z_2-z_3}{z_4-z_3}\cdot\frac{z_4-z_1}{z_2-z_1}=k \qquad (\mathbf{A\cdot 1-9})'$$

(k は 0 でない実数)

がいえる．$(z_2-z_3)/(z_4-z_3)$ と $(z_4-z_1)/(z_2-z_1)$ は，大きさを無視すれば，互いに複素共役になっている．このようなとき，$z_1 \sim z_4$ は**共円条件**を満たす，といわれる．

しかし，**式 (A・1-9)′** には

$$\mathrm{Arg}\left(\frac{z_4-z_1}{z_2-z_1}\cdot\frac{z_2-z_3}{z_4-z_3}\right)=0 \qquad (\mathbf{A\cdot 1-10})$$

のときも含まれていることに注意しておく．これは

$$\mathrm{Arg}\left(\frac{z_4-z_1}{z_2-z_1}\right)=\mathrm{Arg}\left(\frac{z_4-z_3}{z_2-z_3}\right)$$

ということであり，すなわち，

円周角 $\angle z_4 z_1 z_2 = \angle z_4 z_3 z_2$

に他ならない（**図 A・1-8**）．

式 (A・1-8) と **(A・1-9)** についてくどくど説明すると，これらは，

$$\frac{z_4-z_1}{z_2-z_1}=\eta,\quad \frac{z_4-z_3}{z_2-z_3}=\xi$$

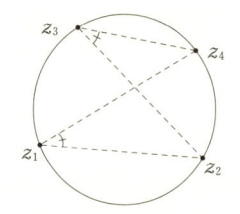

図 A・1-8

としたとき，例えば，**図 A・1-9** のように η, ξ が配置していることを意味しているのである：

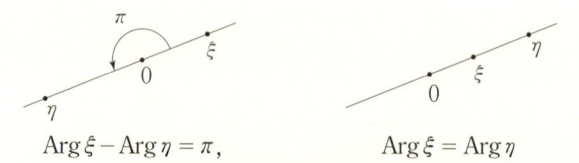

$\mathrm{Arg}\,\xi - \mathrm{Arg}\,\eta = \pi,$ $\qquad\qquad \mathrm{Arg}\,\xi = \mathrm{Arg}\,\eta$

図 A・1-9

さて，再びではあるが，**式 (A・1-10)** の方を用いよう．この式で $z_1 = 0$ とすれば，

$$\mathrm{Arg}\frac{z_4(z_2-z_3)}{z_2(z_4-z_3)} = 0.$$

この共線条件は**図A・1-10**のようであり，従って（この図では）

$$|z_4(z_2-z_3) - z_2(z_4-z_3)|$$
$$= |z_4(z_2-z_3)| - |z_2(z_4-z_3)|.$$

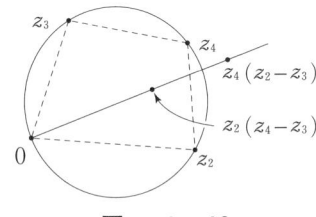

図A・1-10

この式の左辺は $|z_3(z_4-z_2)|$ であるから，結局，

$$|z_3(z_4-z_2)| = |z_4(z_2-z_3)| - |z_2(z_4-z_3)|$$

ということで

$$0z_3 \cdot z_2z_4 = 0z_4 \cdot z_3z_2 - 0z_2 \cdot z_3z_4$$

がいえる．（この場合，再び，念のためであるが，例えば，左辺の z_2z_4 は z_2 と z_4 との積ではなく，2点 z_2 と z_4 とを結ぶ有向線分を意味する．だから，左辺は，線分 $0z_3$ と z_2z_4 の積ということである．右辺も同様．）この式は，

$$0z_4 \cdot z_3z_2 = 0z_2 \cdot z_3z_4 + 0z_3 \cdot z_2z_4 \qquad (\text{A}\cdot 1-11)$$

ということで，円に内接する四角形を特徴づける（古代初等幾何での有名な）**トレミー (Ptolemy) の定理**を再現する．

このようにガウス平面上では，初等幾何の様々なことが容易に導かれる，ということが端的にもわかっていただけたであろう．このようなことに，これ以上，関わっている暇はないので，この辺りで打ち切ることにする．

なお，高校生・受験生（達）の参考のためには，拙著『入試数学その全貌の展開』でも，上述のような内容を盛り込んであるし，また，『入試数

学及び初等数学　難関攻略への道』では，トレミーの定理の初等幾何的導出も述べてある，と付け添えておこう．

A・2　ガウス平面上の関数——複素関数

xy 座標平面上では x, y を変数とする関数 $f(x, y)$ が考えられた．この $f(x, y)$ は，既に見られたように，実数の値をとる2変数関数である．同様に，ガウス平面上でも2変数関数が考えられる．しかし，このときは，虚軸があるので，素朴に $f(z) = f(x+yi)$ を $f(x, y)$ のように表すわけにはゆかない．いま，一つの例として，$f(z) = z^2$ という関数を引き合いにしてみよう．$z = x+yi$ （x, y は実数）と表せば，

$$f(x+yi) = x^2 - y^2 + 2xyi$$

となる．（今後，$x+yi$ の形のときは，断らない限り，x と y は実数とする．）そこで

$$u(x, y) = x^2 - y^2, \ v(x, y) = 2xy$$

とおけば，

$$f(x+yi) = u(x, y) + iv(x, y)$$

と表されることになる．x と y の関数 $u = u(x,y)$ も $v = v(x,y)$ も実数の値をとるから，$f(z) = f(x+yi)$ はガウス平面上の点として解されるわけである．

この例からもわかるように，一般に，複素数 z の関数 $f(z)$ は

$$f(z) = u + vi = u(x, y) + iv(x, y) \qquad (\mathbf{A \cdot 2-1})$$

と表される．$u = u(x, y)$ を $f(z)$ の**実部**，$v = v(x, y)$ を $f(z)$ の**虚部**といって，各々を $\mathrm{Re}(f(z)) = u$，$\mathrm{Im}(f(z)) = v$ と表す．かくしてガウス平面上の関数——**複素関数**——が考えられることになる．これは幾何学的には，ガウス平面からガウス平面への図形の変換と見做されるものである．（ガウス平面そのもの

も一つの図形である．)

複素関数の最も簡単な例として1次関数 $f(z)=az$ (a は複素数の定数で $a\neq 0$) を引き合いにする．これを z の**複素1次変換**ともいう．
$a=\alpha+\beta i$, $z=x+yi$ と表せば，
$$f(z)=\alpha x-\beta y+i(\beta x+\alpha y)$$
となるから，
$$u=\alpha x-\beta y, \quad v=\beta x+\alpha y. \qquad (\text{A}\cdot 2-2)$$
いまは，$\alpha^2+\beta^2>0$ であるから，上式は，次のように，逆に表すことができる：
$$x=\frac{\alpha u+\beta v}{\alpha^2+\beta^2}, \quad y=\frac{\beta u+\alpha v}{\alpha^2+\beta^2} \qquad (\text{A}\cdot 2-3)$$
一方，$a=|a|e^{i\theta}=|a|(\cos\theta+i\sin\theta)$ と表せば，**式 (A・2－2)** は
$$\begin{aligned}u&=|a|(x\cos\theta-y\sin\theta),\\ v&=|a|(x\sin\theta+y\cos\theta)\end{aligned} \qquad (\text{A}\cdot 2-2)'$$
と表される．これは，(u, v) が，xy 座標軸を θ だけ負の向きに回転して $|a|$ 倍した座標系から見た点として捉えられる．これが，$f(z)=az$ の幾何的意味である．
$|a|=1$ の場合は，座標軸の単なる回転である（**図A・2－1**）．これは，同じことだが，xy 平面上の点 (x, y) を正の向きに θ だけ回転した点が (u, v) である，という

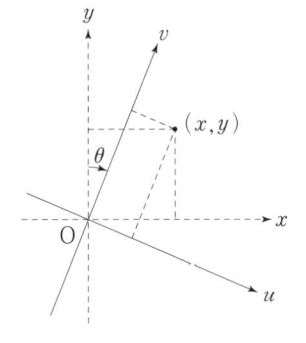

xy 座標軸を負の向きに θ だけ回転した様子．

図A・2－1

ことでもある.従って $f(z)=e^{i\theta}z$ は,ガウス平面上の点 z を θ だけ正の向きに回転した点の座標を表すわけである.

ところで,**式(A・2－3)**に戻って,その $\alpha^2+\beta^2$ であるが,これは,行列式を用いると,

$$\alpha^2+\beta^2=\begin{vmatrix}\alpha & -\beta\\ \beta & \alpha\end{vmatrix} \qquad (\text{A・2}-4)$$

と表される.どうしてこのような形の行列式にしたか,というと,これは,**式(A・2－2)**を縦に並べて

$$u=\alpha x-\beta y$$
$$v=\beta x+\alpha y,$$

そしてこの点線枠に従って並べたのである.そこで**式(A・2－4)**であるが,その行列式の値は正である.このようなときは,変換によって図形の向きは変わらない.そのことを,この具体例で示してみよう.

簡単のため,$\alpha=\beta=1$ とする.そして,いま,**図A・2－2**のように,xy 座標平面に1辺の長さ1の正方形OABCがあり,この正方形の辺に反時計回りの矢印を付けて,これを正の向きとする.すなわち,頂点が,図のように,反時計回りでOABCの順に結ばれるときを正の向きとする,ということである.

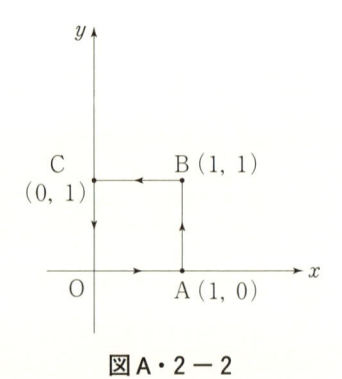

図A・2－2

この面積 S を $S=+1$ と表す.(このような考え方は,**第1章**で,くどく述べてあるから,大丈夫であろう.)

いまの変換は

$$u = x - y, \quad v = x + y$$

である．まず，辺 OA（有向線分）上の点の座標は $(x,\ 0)$ $(0 \leq x \leq 1)$ であるから，

$$u = x, \quad v = x \quad (0 \leq x \leq 1)$$

ということで

$$v = u \quad (0 \leq u \leq 1).$$

つぎに，辺 AB 上の点の座標は $(1,\ y)$ $(0 \leq y \leq 1)$ であるから，

$$u = 1 - y, \quad v = 1 + y \quad (0 \leq y \leq 1).$$

ということで

$$v = 2 - u \quad (0 \leq u \leq 1).$$

さらに辺 CO 上の点の座標は $(0,\ y)$ $(0 \leq y \leq 1)$ であるから，

$$u = -y, \quad v = y \quad (0 \leq y \leq 1).$$

ということで

$$v = -u \quad (-1 \leq u \leq 0).$$

これで変換図は描けて，**図A・2－2′**のようになる．この新しい正方形 OA′B′C′ の面積を S' とすれば，

$$S' = +2 = 2S = \begin{vmatrix} 1 & -1 \\ 1 & 1 \end{vmatrix} S$$

である．これからわかるように，$\alpha^2 + \beta^2 > 0$ では，図形の大きさは，かの行列式倍になって図形の向きは変わらないのである．

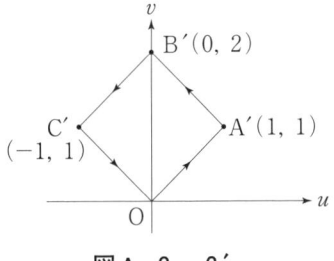

図A・2－2′

では，もし次のような1次変換では，どうなるか：

$$u = x+y, \quad v = x-y$$

(これは $f(z)=az$ $(a \neq 0)$ からは得られない．) この1次変換を図**A・2－2**の場合に適用してみる．もはや，頂点の変換を調べるだけで事は済むのであろう．この変換では，頂点 A, B, C はそれぞれ

$$\begin{aligned} A(1, 0) &\longrightarrow A'(1, 1), \\ B(1, 1) &\longrightarrow B'(2, 0), \\ C(0, 1) &\longrightarrow C'(1, -1) \end{aligned}$$

という新しい頂点 A′, B′, C′ に移る．これらを図示すれば**図A・2－3**のようになる．この新しい正方形 OA′B′C′ の面積を S' とすれば，

$$S' = -2 = -2S$$
$$= \begin{vmatrix} 1 & 1 \\ 1 & -1 \end{vmatrix} S$$

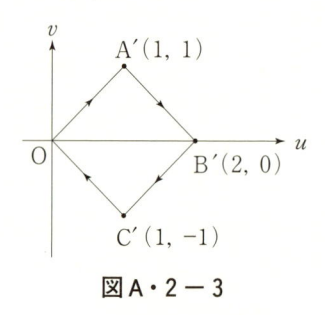

図A・2－3

である．この場合の1次変換では，図形の大きさは -2 倍になって図形の向きが変わるわけである．行列式の値が負になったからである．

再び元の**1次変換式（A・2－2）**に関与する式（**A・2－4**）に戻る．この式をよく見れば，次のことがわかるであろう：

$$\begin{vmatrix} \alpha & -\beta \\ \beta & \alpha \end{vmatrix} = \begin{vmatrix} \dfrac{\partial u}{\partial x} & \dfrac{\partial u}{\partial y} \\ \dfrac{\partial v}{\partial x} & \dfrac{\partial v}{\partial y} \end{vmatrix}. \qquad (\mathbf{A \cdot 2-5})$$

左辺 > 0 より

$$\frac{\partial u}{\partial x}\frac{\partial v}{\partial y}-\frac{\partial u}{\partial y}\frac{\partial v}{\partial x}>0. \qquad (\text{A}\cdot 2-6)$$

これは偶然のことであろうか．偶然でないなら，これはより一般的にいえることであろうか？ このような考えは，「(偏)微分」というものが無限小変化の極限での関数の1次変換として捉えられるものだ，という認識が伴っているなら，自然にできることである．

そこで，これから，**複素関数の微分**ということについてある程度の説明をしておかねばならない．

ガウス平面のある領域 D で複素関数 $f(z)$ が考えられるとする．$f(z)$ が D で微分可能というのは，どんな $z \in D$ に対しても

$$\lim_{\Delta z \to 0}\frac{f(z+\Delta z)-f(z)}{\Delta z} \qquad (\text{A}\cdot 2-7)$$

が唯一にビシッと定まるときをいう．このとき，上式を $f'(z)$ で表す．形の上では，高校数学における1変数関数 $f(x)$ の微分と同じに見えるであろうが，内容は遙かにはるかに違う．1変数のときは，$\Delta x \to 0$ が x 軸上だけの1本道でしか考えられないが，今度は，$z = x+yi$ であって，だから，$\Delta z = \Delta x + i\Delta y$ であって，$\Delta z \to 0$ となる道は無数に存在する．どんな道で $\Delta z \to 0$ となっても，$f'(z)$ が存在するためには，**式 (A・2－7)** の値がきちんと定まらなくてはならない．

そこで，いま，$f(z) = u(x, y) + iv(x, y)$ として $f'(z)$ が存在するなら，u, v はどんな条件を満たさねばならないか，ということを論ずる．$\Delta z \to 0$ においてまず，$\Delta y = 0$ とする．このときは，（ふつうの偏微分と同様で）

$$f'(z) = \lim_{\Delta x \to 0} \frac{u(x+\Delta x, y) + iv(x+\Delta x, y) - u(x, y) - iv(x, y)}{\Delta x}$$
$$= \frac{\partial u}{\partial x} + i\frac{\partial v}{\partial x} \qquad (\text{A}\cdot 2-8)$$

つぎに，$\Delta x = 0$ とする．このときは，
$$f'(z) = \lim_{\Delta y \to 0} \frac{u(x, y+\Delta y) + iv(x, y+\Delta y) - u(x, y) - iv(x, y)}{\Delta y}$$
$$= \frac{1}{i}\cdot\frac{\partial u}{\partial y} + \frac{\partial v}{\partial y}. \qquad (\text{A}\cdot 2-8)'$$

上2式を比べて
$$\frac{\partial u}{\partial x} = \frac{\partial v}{\partial y}, \quad \frac{\partial u}{\partial y} = -\frac{\partial v}{\partial x} \qquad (\text{A}\cdot 2-9)$$

($u_x = v_y$, $u_y = -v_x$ と表してもよい)

が得られる．これを**コーシー・リーマンの(偏微分)方程式**という．(詳しい経緯は省略して，この方程式は，1825年頃，様々な実積分の計算を可能にするために，コーシーによって導かれたものであるが，リーマンは別の視点から明快に導いている．) "コーシー・リーマンの方程式"，と綴るのは長たらしいから，以後，**C–R方程式**ということにする．

そこで，まずは，z の複素1次変換 $f(z) = az$ $(a \neq 0)$ に対して C–R方程式は満たされているか，というに，これは，**式(A・2–2)**より
$$u_x = \alpha = v_y, \quad u_y = -\beta = -v_x$$
となってめでたし，めでたし．

ところで，**式(A・2–6)**であるが，これは一般にいえるかどうか，ということであったが，C–R方程式によれば，
$$\begin{vmatrix} u_x & u_y \\ v_x & v_y \end{vmatrix} = u_x v_y - u_y v_x$$
$$= u_x^2 + u_y^2 = u_x^2 + v_x^2 \qquad (\text{A}\cdot 2-10)$$

となるから，行列式が0につぶれない限り，この式は正の値をしかとらない．だから，この条件下で，不等式（**A・2－6**）は一般的にいえることになる．

さて，では，C－R方程式はどんな関数で満たされるのであろうか．少し調べてみる：

$f(z) = a$ （複素数の定数）では，もちろん，満たされている．

では，$f(z) = x$ （実数）ではどうか．これは，$u = x, v = 0$ より $u_x = 1 \neq 0 = v_y$ となるから，満たされない．

$f(z) = |z|$ でも満たされないことは容易に確かめられる．一般に，$f(z)$ が（恒には0でない）実数値関数（$\neq$ 定数）のときは，C－R方程式は満たされない．

また $f(z)$ が純虚数値をとる関数，例えば，$f(z) = yi$ $(y \neq 0)$ であってもC－R方程式は満たされない．これを機にちょっとした注意をしておく．「純虚数」というのは，上のような yi のことであるが，狭い意味では $y \neq 0$ のときに限定される．しかし，$(0i = 0$ をも純虚数に含めて）広い意味では $y = 0$ のときをも純虚数という．$(0i = 0$ の右辺は実数としての0ではなく，虚数としての0と見做すのである．）どちらの意味で用いられているかは，大体，前後関係で判別できる．

上述のように，C－R方程式が満たされないと，その関数 $f(z)$ は微分可能でない．複素関数の微分可能性は実関数の微分可能性より条件が強いので，この意味では，「実数に関することは，複素数で語れる」，とはいえない．複素関数の微分が意味をもつのは，x と yi とが"仲よく"存在する，それこそ複素数の世界でのこと，と思っていただいてよい．前の例である $f(z) = z^2$ は x と yi の仲よしカップルの関数である．

さて，式（A・2－10）であるが，式（A・2－8）と（A・2－8）′及び（A・2－9）より

$$\begin{vmatrix} u_x & u_y \\ v_x & v_y \end{vmatrix} = u_x^2 + v_x^2$$
$$= v_y^2 + u_y^2 = |f'(z)|^2 \qquad (\text{A}\cdot 2-11)$$

という具合いに，その行列式――$f(z)$の**関数行列式**といわれる――は$f'(z)$を用いて表される．だから，関数行列式$\neq 0$ということは$|f'(z)| \neq 0$ということと同じである．

一般に適当な領域Dで$f'(z)$が存在して連続関数であるとき，$f(z)$はDにおける（zの）**正則関数**といわれる．そしてさらにある領域で$f'(z) \neq 0$であるとき，$f(z)$はその領域における**等角変換**といわれる．「等角変換」といわれる所以は，Dの図形がfによって角の大きさとその向きを変えないことに因る．既に見た**図A・2－2**から**図A・2－2′**への移行を比べてみよ．この場合は，直角であることとその向きが変わっていない．一般には，もちろん，直角でなくても，よい（**図A・2－4**）．

図A・2－4

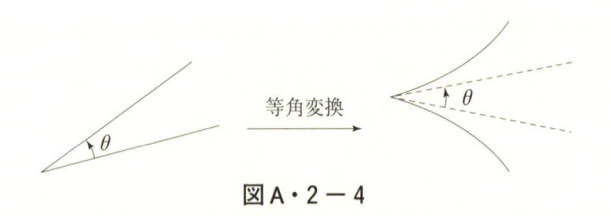

しかし，**図A・2－2**から**図A・2－3**への移行は等角変換ではない．角の大きさそのものは変わってはいないが，向きが変わっているからである．このようなときは，$f(z)$を**共形変換**という．

例えば，$f(z)=\bar{z}$（z の共役複素数）の場合，$u=x$, $v=-y$ であるが，これは C–R 方程式を満たさない．関数行列式は，

$$\begin{vmatrix} u_x & u_y \\ v_x & v_y \end{vmatrix} = \begin{vmatrix} 1 & 0 \\ 0 & -1 \end{vmatrix} = -1 < 0$$

と負になってしまう．$f(z)=\bar{z}$ は共形変換であるが，正則関数ではない．

一般に $f(z)=a\bar{z}$ ($a \neq 0$) は正則関数ではない．

より一般に定数でない $f(z)$ が z の正則関数のとき，$f(\bar{z})$ や $\overline{f(z)}$ は正則関数にはならない．しかし，$\overline{f(\bar{z})}$ は正則関数になる．

さて，正則関数の例としておもしろいのは**複素1次分数関数**

$$f(z) = \frac{az+b}{cz+d} \quad (c \neq 0,\ ad-bc \neq 0) \qquad (\text{A·2}-12)$$

である．a, b, c, d は一般に複素数の定数である．この式は

$$f(z) = \frac{bc-ad}{c(cz+d)} + \frac{a}{c}$$

とも表される．だから，$ad-bc \neq 0$ は，$f(z)$ が定数でないこと，即ち，等角変換であることを意味するわけである．明らかにこの関数は

$$f_1(z) = cz+d,$$
$$f_2(z) = \frac{1}{z},$$
$$f_3(z) = \frac{bc-ad}{c}z + \frac{a}{c}$$

という三つの関数の合成関数である．実際，$f(z)=f_3(f_2(f_1(z)))$ となる．$f_1(z)$ と $f_3(z)$ は**非斉次1次変換**，$f_2(z)$ は**反転（変換）**といわれ，非斉次1次変換と反転の合成を一般に**メービウス変換**という．（"メービウス" の名は**第1章**でも現れた．1800年代

に於けるドイツの数学者で主に幾何学を研究した人である.)
メービウス変換の中核は反転にあるので, しばらく, 平面幾何における反転について説明しておこう.

図A・2—5のように, 中心O, 半径 r の円 C_0 と半直線 L がある. L 上のどこかに点 P をとると,
$$OP \cdot OP' = r^2 \quad (\text{A·2}-13)$$
となる点 P' が L 上にある. (ふつうは, $r=1$ として十分である.)

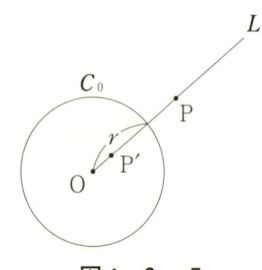

図A・2—5

このような P' を円 C_0 に関する点 P の**反転像**または**鏡像**という. もし, P が L かつ C_0 上の点なら, P' は P と同じ所に位置する.

いま, 反転操作を τ で表すことにする. これは, L 上で
$$\tau(P) = P', \quad OP \cdot OP' = r^2 \quad (\text{A·2}-14)$$
ということを意味する. 双対的に
$$\tau(P') = P$$
でもあるから,
$$\tau(\tau(P)) = \tau(P') = P$$
となって $\tau^2 = 1$ と表される. ここに $1(P) = P$ である. $\tau^2 = 1$ を満たすのは, 1 自身もそうであるから, $\{1, \tau(\tau \neq 1)\}$ と 2 つの元から成る集合が考えられる. 一般にこのような集合を成す τ を**対合**という.

反転操作 τ によって円 C_0 と交わる円 C は

 i) $C \longrightarrow$ 「C_0 と C の交点を通る円 C'」

という具合に移行する (**図A・2—6**).

図 A・2 －6

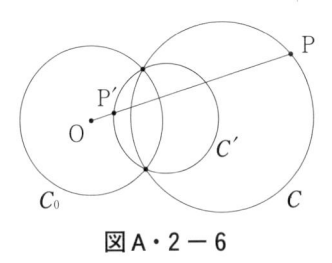

特に C が O を通るときは，C と C_0 の 2 交点を通る直線 C' に移行する．——この際 C' は半径が ∞ の円であると見做すことができるし，また，そうすることで統一的見方ができる．そうすると，C が半径 ∞ の円というのも考えられることになる．

さらに τ によって

ii)「2 曲線の交角 θ」$\longrightarrow -\theta$

となる．これは，**式（A・2－12）** から殆ど明らかであるが，複素関数の等角変換ではこのようなことは起こらない．

そこで，これから複素関数 $f(z) = 1/z$ が「反転」といわれる所以(ゆえん)を具体例で説明致そう：

いま，中心がガウス平面の原点 O にあって，半径が 1 である円 C_0 があるとする．さらに同じガウス平面上に中心が $x = 3/2$ で，半径が 1 の円 C があるとする：

$$C: \left|z - \frac{3}{2}\right| = 1$$

そこで，$w = 1/z$ と表し，上式に代入することで

$$|3w - 2| = 2|w|.$$

両辺を 2 乗して整理すると，

$$\left|w - \frac{6}{5}\right|^2 = \left(\frac{4}{5}\right)^2, \quad \text{即ち，} \quad \left|w - \frac{6}{5}\right| = \frac{4}{5}$$

が得られる．従って円 C は $f(z)=1/z$ によって

$$C': \left|z-\frac{6}{5}\right|=\frac{4}{5}$$

に移行することになる．円 C_0 と C との交点は，

$$z=\frac{3}{4}\pm\frac{\sqrt{7}}{4}i$$

であり，C' がこれらの点を通ることは簡単に確かめられる．以上を図示したのが**図A・2－7**である．

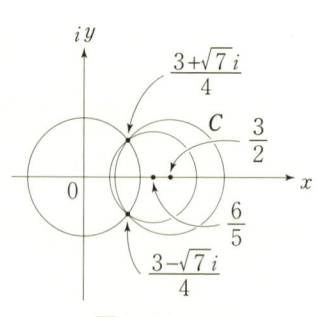

図A・2－7

さらに $f(z)=1/z$ は（$z=\infty$ を除いて）等角変換であるが，これも具体例で御覧に入れておこう．**図A・2－8**は $z_1=1$，$z_2=2$，$z_3=2+i$ を頂点とする直角2等辺三角形である．そこで，$z=x+yi$ と表せば，

$$\frac{1}{z}=\frac{x}{x^2+y^2}-i\frac{y}{x^2+y^2}$$

であるから，

$$u=\frac{x}{x^2+y^2},\ v=-\frac{y}{x^2+y^2}.$$

いま，z_1，z_2，z_3 をそれぞれデカルト平面上の点A，B，Cとする．

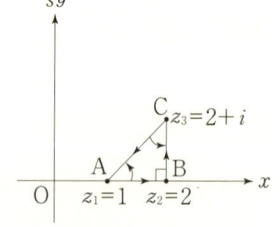

図A・2－8

まず，辺AB上の点の座標は $(x,\ 0)\ (1\leq x\leq 2)$ であるから，

$$u=\frac{1}{x},\ v=0$$

ということで

$$\frac{1}{2}\leq u\leq 1.$$

つぎに，辺BC上の点の座標は $(2,\ y)\ (0\leq y\leq 1)$ であるから，

$$u = \frac{2}{4+y^2}, \quad v = -\frac{y}{4+y^2} \quad (0 \leq y \leq 1).$$

これは,
$$\left(u - \frac{1}{4}\right)^2 + v^2 = \left(\frac{1}{4}\right)^2$$
$$\left(\frac{2}{5} \leq u \leq \frac{1}{2}, \ -\frac{1}{5} \leq v \leq 0\right)$$

という円の一部分になる.

さらに辺 CA 上の点の座標は $(x, x-1)$ $(1 \leq x \leq 2)$ であるから,

$$u = \frac{x}{x^2 + (x-1)^2}, \quad v = -\frac{x-1}{x^2 + (x-1)^2} \quad (1 \leq x \leq 2).$$

これは,
$$\left(u - \frac{1}{2}\right)^2 + \left(v - \frac{1}{2}\right)^2 = \left(\frac{1}{\sqrt{2}}\right)^2$$
$$\left(\frac{2}{5} \leq u \leq 1, \ -\frac{1}{5} \leq v \leq 0\right)$$

という円の一部分になる. これらを (少し拡大して) 図示すると, **図A・2－9** のようになる:

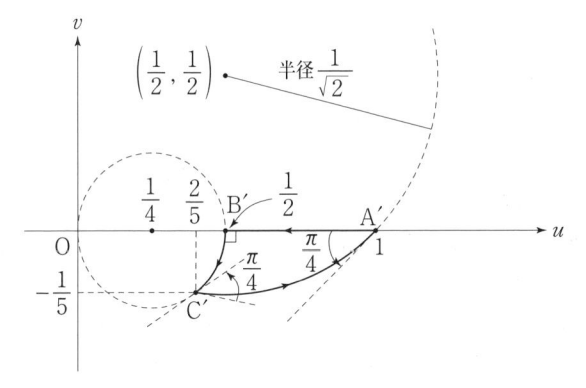

図A・2－9

このように，複素1次分数関数は一般に

「(広い意味での) 円」──→円

という具合に等角的に移行させるわけである．このような幾何学は一般に (2次元) **共形幾何学**といわれ，その一般論はリーマンによって展開されている．

この辺りで，球面とガウス平面との対応を与えるべく，リーマンの業績の中の特例である**リーマン球面**というものについて講じておこう．**図A・2－10**のように，通常の $x_1 x_2 x_3$ 座標空間に，その原点Oを中心とした半径1/2の球面 Σ がある．そして点 $(x_1, x_2, x_3) = (0, 0, -1/2)$ で Σ に接する平面を，Sを原点とする xy 平面とする．これは通常のデカルト平面であるが，適宜，ガウス平面とも見做す．いま，Σ 上の点 $N(0, 0, 1/2)$ から Σ の面を点 $P(x_1, x_2, x_3)$ で貫き，xy 平面上の点 $z(x, y, -1/2)$ に達するように直線 NP で**立体透視**したとする．Nは，ガウス平面を超えた無限の果て (これを ∞ と表し，**無限遠点**といって"∞ 点"と表すこともある) に対応する．このようにして Σ 上の点 P とガウス平面の点 z が1対1に対応されるとき，一応，Σ を**リーマン球面**ということにしておく．これから，まず，(x, y) を x_1, x_2, x_3 で表すのだが，とりあえず，Σ から点 N を除いておこう．それを $\Sigma - \{N\}$ と表す．$P \in \Sigma - \{N\}$ と $z \in xy$ 平面とは，

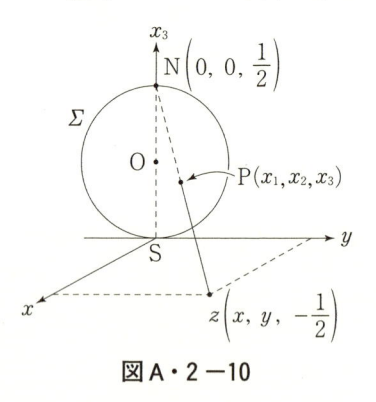

図A・2－10

$$\mathrm{P}(x_1,\ x_2,\ x_3) \xleftrightarrow{\quad 1 対 1 \quad} z=(x,\ y)$$
$$\left(x_3 \neq \frac{1}{2}\right) \qquad\qquad (|x|<\infty,\ |y|<\infty)$$

という対応が付く．

この対応は1本の直線 NP によって付けられるものであるから，その方程式を表しておく：

$$\mathrm{NP}:\ \frac{x_1}{x}=\frac{x_2}{y}=\frac{x_3-1/2}{(-1)} \qquad (\mathbf{A\cdot 2-15})$$

P = S のとき，その座標は $(x_1,\ x_2,\ x_3)=(0,\ 0,\ -1/2)$ であるから直線 NS は $x_1=x_2=0,\ x_3 \neq 1/2$ と表されるが，上式 (**A・2−15**) では，それは $x=y=0$ のときと解釈する．

式 (A・2−15) より $(x,\ y)$ が $x_1,\ x_2,\ x_3$ で次のように表されることになる：

$$(x,\ y)=\left(\frac{2x_1}{1-2x_3},\ \frac{2x_2}{1-2x_3}\right) \qquad (\mathbf{A\cdot 2-16})$$

逆に $(x_1,\ x_2,\ x_3)$ を $x,\ y$ で，従って $z,\ \bar{z}$ で表すこともできる．そのためには，**式 (A・2−15)** の値を k として

$$(x_1,\ x_2,\ x_3)=\left(kx,\ ky,\ \frac{1}{2}-k\right)$$

という座標を，Σ を定める方程式 $x_1{}^2+x_2{}^2+x_3{}^2=1/4$ に代入すればよい．そうすると，$k=0$（これは $x_3=1/2$ とするので不適）と

$$k=\frac{1}{x^2+y^2+1}$$

が得られる．そこで $z=x+yi$ と表せば，

$$k=\frac{1}{|z|^2+1}$$

となる．さらに

$$x=\frac{z+\bar{z}}{2},\ y=\frac{z-\bar{z}}{2i}$$

であるから，結局，
$$(x_1,\ x_2,\ x_3) = \left(\frac{z+\bar{z}}{2(|z|^2+1)},\ \frac{z-\bar{z}}{2i(|z|^2+1)},\ \frac{|z|^2-1}{2(|z|^2+1)}\right)$$
(A・2-17)

となる．これで $\Sigma-\{N\}$ 上の点Pの座標とガウス平面上の z とがちゃんと対応付くことが判った．このことを $\pi(P)=z$ と表す．(π は，もちろん，円周率ではない．)

では，次の段階に進む．

まず，Σ 上の点 $P(\ne N)$ のOに関する対称点を P' とする．そして $\pi(P)=z$，$\pi(P')=w$ と表したとき，z と w との間に成り立つ関係式を求めることにする（図A・2-11）：

図A・2-11

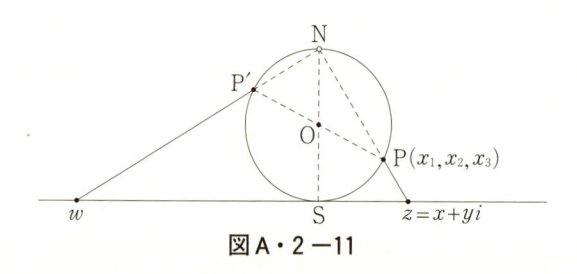

式（A・2-16）により
$$z = \frac{2x_1}{1-2x_3} + \frac{2x_2}{1-2x_3}i$$
であり，そして P' の座標が $(-x_1,\ -x_2,\ -x_3)$ であるから，
$$w = -\left(\frac{2x_1}{1+2x_3} + \frac{2x_2}{1+2x_3}i\right).$$
これらより
$$\bar{z}w = -1 \qquad (A・2-18)$$
が得られる．

つぎに，Σ 上の2点 P, P′（どちらも，$\neq$ N）が，O を通りかつガウス平面に平行な大円の面に関して対称であるとき，$\pi(\mathrm{P}) = z$ と $\pi(\mathrm{P}') = w$ との間に成り立つ関係式を求めておく（図 A・2 －12）：

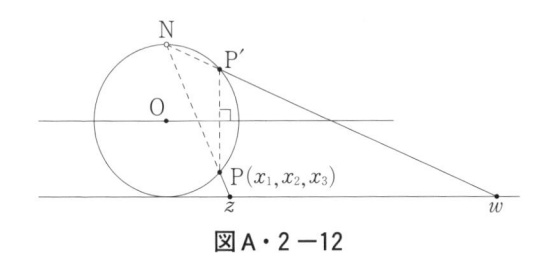

図 A・2 －12

このときは P′ の座標が $(x_1, x_2, -x_3)$ であるから，
$$w = \frac{2x_1}{1+2x_3} + \frac{2x_2}{1+2x_3}i.$$
従って
$$\bar{z}w = 1 \qquad (\text{A}\cdot 2-19)$$
が得られる．

さて，ガウス平面に $z = \infty$ を加えて，これを**拡張されたガウス平面**とよび，$\mathscr{M}$ で表すことにする．然るべきリーマン球面 Σ の点 N は，$\mathscr{M}$ の無限遠点 $z = \infty$ に対応する．この ∞ は次のような代数的性質をもっているものとする：
$$a + \infty = \infty + a = \infty, \quad a \cdot \infty = \infty \cdot a = \infty \quad (a \neq 0),$$
$$\frac{a}{\infty} = 0 \quad (a \neq \infty), \quad \frac{a}{0} - \infty \quad (a \neq 0).$$

以上で準備もできたので，これから，リーマン球面 Σ をその中心 O の回りに回転させて，Σ 上の点を移動させ，そしてその移動が $\mathscr{M}$ 上の1次変換で表せることを示そう：

Σ のこのような回転は，Σ の中心 O を通って，かつ $\mathscr{M}$ に平行な直線 l の回り，及び x_3 軸の回りに回転することである．

まず，**図 A・2−13** において，l（紙面に垂直）の回りの回転によって Σ 上の点 P($\neq$ N) が位置 $(0, 0, 1/2)$ に移ったとすれば，O に関する P の対称点 P′ は位置 $(0, 0, -1/2)$ に移る．このとき，N は図中の点 Q の位置に移る．

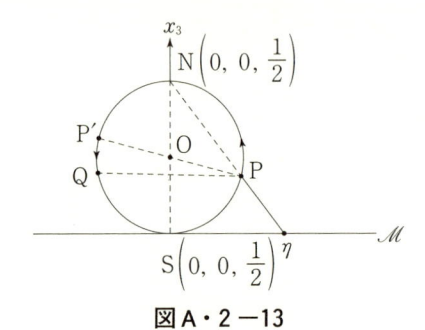

図 A・2−13

ところで，立体透視によって $\pi(\mathrm{P}) = \eta$ と表しておけば，
$$\pi(\mathrm{P}') = -\frac{1}{\bar{\eta}}, \quad \pi(\mathrm{Q}) = -\eta.$$
元々の点 N は $\mathscr{M}$ の無限遠点 ∞ に対応する：
$$\pi(\mathrm{N}) = \infty.$$
だから，l の回りでの Σ の回転によって
$$\mathrm{P} \longrightarrow \mathrm{N} \text{ は } \pi(\mathrm{P}) = \eta \longrightarrow \infty,$$
$$\mathrm{P}' \longrightarrow \mathrm{S} \text{ は } \pi(\mathrm{P}') = -\frac{1}{\bar{\eta}} \to 0,$$
$$\mathrm{N} \longrightarrow \mathrm{Q} \text{ は } \pi(\mathrm{N}) = \infty \to -\eta$$
という表式での移行が生ずることになる．

この変換は $\mathscr{M}$ 上の 1 次分数変換で表せる．これを
$$\tilde{f}(z) = \frac{az+b}{cz+d} \quad (c \neq 0, \ ad - bc \neq 0)$$

とすれば，
$$\tilde{f}(\eta) = \frac{a\eta + b}{c\eta + d} = \infty$$
より
$$a\eta + b \neq 0, \quad c\eta + d = 0.$$
従って
$$\tilde{f}(z) = \frac{az + b}{c(z - \eta)}.$$
そして
$$\tilde{f}\left(-\frac{1}{\overline{\eta}}\right) = 0$$
より
$$\tilde{f}(z) = \frac{1}{\overline{\eta}} \cdot \frac{a(\overline{\eta}z + 1)}{c(z - \eta)}.$$
さらに
$$\tilde{f}(\infty) = -\eta$$
より，結局，
$$\tilde{f}(z) = -\frac{\eta}{\overline{\eta}} \cdot \frac{\overline{\eta}z + 1}{z - \eta}$$
という形になる．

最後に，x_3 軸の回りに β だけの回転を施せば，
$$f(z) = e^{i\beta} \tilde{f}(z)$$
という関数 $f(z)$ が得られる．$\mathrm{Arg}\,\eta = \gamma$ と表せば，
$$-\frac{\eta}{\overline{\eta}} = e^{i(2\gamma + \pi)}$$
となるから，
$$e^{i\beta} \cdot e^{i(2\gamma + \pi)} = e^{i(\beta + 2\gamma + \pi)}$$
$$= e^{i\alpha}$$
とおいて

$$f(z) = e^{ia} \cdot \frac{\overline{\eta}z+1}{z-\eta} \qquad (\text{A}\cdot 2-20)$$

が得られる．

以上はP $\neq$ Nの場合であるが，P = Nの場合は，x_3軸の回りの回転だけを考えればよい．Σ上の点Pは立体透視によって$\mathscr{M}$の点zに対応する．従ってΣの回転を表す$\mathscr{M}$上の1次変換は，上記のβを用いて

$$f(z) = e^{i\beta} z \qquad (\text{A}\cdot 2-21)$$

と表される．

これまで扱った具体的な関数は，**複素有理関数**といわれるもののうちで，最も簡単なものだけである．一般の有理関数にも論及しておけばよいのだが，ここは，代わりに**複素超越関数**について基本例を挙げて少し論及するにとどめておこう．因みに初等超越関数とは，指数・対数関数や三角関数等である．だから，**複素超越関数**とは，それらの実変数xが複素変数zに代わったもの，と解釈してよい．ここでは，そのうちの**複素指数関数**に限定して説明してゆく．

さて，既に$e^{i\theta}$という指数関数が現れたのであるが，これに実指数関数e^xを掛けると，

$$e^x \cdot e^{i\theta} = e^{x+i\theta}$$

となる．そこで，θをyに，記号を変えてやると，e^{x+yi}となるから，$x+yi = z$と表すことでe^zというzの複素指数関数が得られる．これは，もちろん，正則関数である．一般に，z_1, z_2を複素数として

$$e^{z_1} \cdot e^{z_2} = e^{z_1+z_2},$$
$$\frac{e^{z_1}}{e^{z_2}} = e^{z_1-z_2}$$

という等式の成り立つことがきちんと示されるのであるが，ここは，単に認めていただこう．これらの指数法則の下で，いまから，$f(z)=e^z$ という像について云々する．

複素関数論的には，これは，実数 x の指数関数 $f(x)=e^x$ の x を複素数 z に拡張することになるのだが，こうするや，それまでに見られなかった大きな特性が現れる．それは，まず，

$$f(z+2\pi i) = e^z \cdot e^{2\pi i} = e^z = f(z)$$

という性質である．すなわち，$f(z)$ は基本周期（"虚基本周期"というべきか）$2\pi i$ の周期関数である，ということ．だから，当然，n を整数として

$$f(z+2n\pi i) = f(z)$$

が成り立つ．それ故，$z = x+yi$ と表したとき，

$$f(z) = e^x \cdot e^{iy}$$

の値は，全て，$-\pi < y \leqq \pi$（$-\pi < \operatorname{Arg} f(z) \leqq \pi$）でとることになる．$x$ は，もちろん，どんな実数でもよい．このような (x, y) の範囲を $f(z)=e^z$ の**基本域**という．基本域上の像 $f(z)$ はガウス平面の原点を除いた全域である（**図 A・2－14**）.

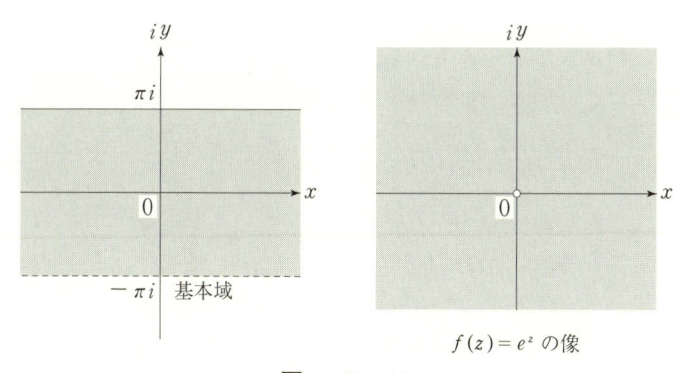

図 A・2－14

逆に e^z から成る像を基本域に移す関数（逆関数）が存在する．**複素対数関数**である．これを $\mathrm{Log}\, z$ で表すことにする．これは，
$$z = |z| e^{i \mathrm{Arg}\, z} \quad (z \neq 0,\ -\pi < \mathrm{Arg}\, z \leq \pi)$$
に対しては
$$\mathrm{Log}\, z = \mathrm{Log}\, |z| + i\, \mathrm{Arg}\, z$$
である．ここで注意せねばならないことがある．それは，この対数関数は，実数を変数とする実対数関数の公式
$$\log x + \log y = \log(xy) \quad (x > 0,\ y > 0)$$
と同様な等式を必ずしも満たすわけではない，ということである．すなわち，
$$\mathrm{Log}\, z_1 + \mathrm{Log}\, z_2 = \mathrm{Log}(z_1 z_2)$$
は必ずしも成り立つわけではない，ということ．もしこれが成り立つとすれば，$-\pi < \mathrm{Arg}\, z \leq \pi$ の下で $z_1 = z_2 = e^{-i\pi/2}$ として
$$\mathrm{Log}\, e^{-i\pi/2} + \mathrm{Log}\, e^{-i\pi/2} = \mathrm{Log}\, e^{-i\pi} = \mathrm{Log}(-1) = \mathrm{Log}\, e^{+i\pi}$$
でなくてはならない．これは，
$$i\, \mathrm{Arg}\, e^{-i\pi/2} + i\, \mathrm{Arg}\, e^{-i\pi/2} = i(-\pi) = i(+\pi) = i\, \mathrm{Arg}\, e^{+i\pi}$$
ということであるゆえ矛盾である．

一般に実数 x の実関数 $f(x)$ を複素変数 z の複素関数 $f(z)$ にすると，一見，両者の似た面はあるが，本質的には，違った特性が多大にある，ということをよく注意しておかれたい．

この節の最後に，再び $f(z) = e^z$ についてであるが，時には，読者にも考えていただかなくてはならない．そこで，この関数によって，例えば，ガウス平面上の図形
$$A = \{z = x + yi \mid 0 < x < 1,\ 0 \leq y < 1\}$$
はどのような像になるか，ということを読者への易しい演習と

して課しておこう．(結果は，**図A・2 −15.**)

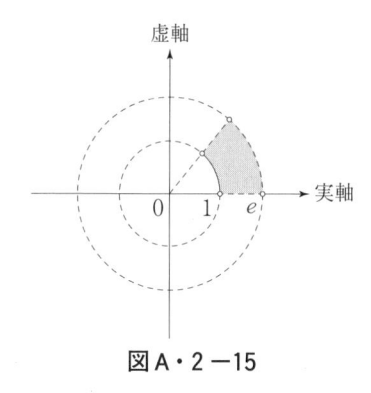

図A・2 −15

A・3 複素多価関数

これから，ガウス平面上で，一つとは限らない値をとる複素関数——**複素多価関数**について(形式的な論議で)説明してゆく．

いま，z, w を複素数として等式

$$z = w^n \quad (n\text{ は 2 以上の自然数}) \qquad (\text{A}\cdot 3-1)$$

があるとする．$z \neq 0$ であれば，w は n 個の相異なる値をとる．これら n 個の各値を z の **n 乗根**といって

$$w = \sqrt[n]{z} \quad (z \neq 0) \qquad (\text{A}\cdot 3-2)$$

で表す．いまから，この値を見やすい形にするため，

$$z = re^{i\theta} \quad (r>0), \ w = r'e^{i\theta'} \quad (r'>0)$$

と表す．そうすると，**式(A・3 −1)** は

$$re^{i\theta} = r'^n e^{in\theta'}$$

となり，まず，$r' = r^{1/n}$ が得られる．つぎに偏角に対しては

$$n\theta' = \theta + 2k\pi \quad (k\text{ は整数})$$

が得られる．従って $z = re^{i\theta}$ $(r>0)$ と $k = 0, 1, \cdots, n-1$ に対して

$$w = w_k = r^{1/n} e^{i(\theta + 2k\pi)/n} \qquad (\text{A}\cdot 3-3)$$

という表式が得られる．$k = 0$ のときの偏角 θ を主値とすれば，

$$w_0 = r^{1/n} e^{i\theta/n} \quad (-\pi < \theta \leq \pi)$$

となる．このとき，$w = w_k$ $(k = 1, 2, \cdots, n-1)$ は

$$w_1 = r^{1/n} e^{i(\theta + 2\pi)/n} = w_0 e^{i2\pi/n},$$
$$w_2 = r^{1/n} e^{i(\theta + 4\pi)/n} = w_0 e^{i4\pi/n},$$
$$\vdots$$
$$w_{n-1} = w_0 e^{i2(n-1)\pi/n}$$

と表される．こうして $w = \sqrt[n]{z}$ が定義されて，これは n 個の相異なる値をとる関数ということで，**n 価関数**といわれるものになる．$w = w_0$ を（偏角の主値に倣（なら）って）$f(z) = \sqrt[n]{z}$ $(n \geq 1)$ の**主値**という．そして各 w_k $(0 \leq k \leq n-1)$ を $\sqrt[n]{z}$ の（**第 k**) **分枝**という．従って w_0 を**主分枝**ということもある．z を一つに固定すれば，$w = \sqrt[n]{z}$ の像は原点を中心とする半径 $r^{1/n}$ の円周上の正 n 角形となる．

次は別の多価関数である．記号 z, w の意味はこれまでと同様である．いま

$$z = e^w \qquad (\text{A}\cdot 3-4)$$

があるとする．z は，つねに $z \neq 0$ である．与えられた z に対する w の値を

$$w = \log z \quad (z \neq 0) \qquad (\text{A}\cdot 3-5)$$

で表す．これを**複素対数関数**という．これは，既に現れた $\text{Log}\, z$ の拡張である．だから，

$$z = |z|e^{i \arg z} \quad (z \neq 0)$$

に対して

$$\log z = \log |z| + i \arg z$$

が定義される．さらに

$$\arg z = \operatorname{Arg} z + 2n\pi$$

$$(n \text{ は整数})$$

であるから，

$$w = \log z = \log |z| + i \operatorname{Arg} z + i2n\pi$$
$$= \operatorname{Log} z + i2n\pi \qquad (\text{A·3}-6)$$

となる．それゆえ $\log z$ $(z \neq 0)$ は**無限多価関数**である．だから，その分枝は無限個ある．このことは，e^z が周期 $2\pi i$ の周期関数であることの反映である．**式(A·3－6)** において，$n = 0$ のときは $\log z$ の主値で，$\operatorname{Log} z$ そのものである．

このような関数の値について少々の例を挙げておこう．（以下の例において，n は整数である）：

$$\log i = \operatorname{Log} i + i2n\pi$$
$$= \operatorname{Log} e^{i\pi/2} + i2n\pi$$
$$= i\left(\frac{1}{2} + 2n\right)\pi.$$

$$e^i = e^{i1} = \cos 1 + i \sin 1.$$

また，**式(A·3－4)** と **(A·3－5)**，そして上の $\log i$ の値より

$$i^i = e^{i \log i}$$
$$= e^{-(4n+1)\pi/2}$$

i^i が（正の）実数である，というのはおもしろい．（もっとも，i^i は，複素数 i が i の肩に載っているので，きちんとした定義を経てから論ぜねばならないのだが．）

多価関数は他にもあるが，とりあえずは，$\sqrt[n]{z}$，$\log z$ で議論を進めてゆくことにする．その前に多価関数の微分について述べておかねばならない．「微分する」ということは，一般には，ある領域内でのことで，複素関数では，たった1回の微分とて安易にはできない．

これまでの複素正則関数 $f(z) = z^n$（n は整数）や $f(z) = e^z$ に対しては（ガウス平面全体で），$f'(z)$ を

$$\frac{dz^n}{dz} = (z^n)' = nz^{n-1},$$

$$\frac{de^z}{dz} = (e^z)' = e^z$$

という具合いに，ふつうの実関数と同じように微分して求めてよい．

しかし，$f(z) = \sqrt[n]{z}$（$n \geq 2$）や $f(z) = \log z$ に関しては注意を要する．それは，これらを形式的に微分すると，

$$\frac{d\sqrt[n]{z}}{dz} = \frac{1}{n} z^{(1/n)-1} = \frac{1}{nz^{(n-1)/n}} \qquad (\text{A}\cdot 3-7)$$

$$\frac{d \log z}{dz} = \frac{1}{z} \qquad (\text{A}\cdot 3-8)$$

であるが，どちらも $z = 0$ で微分可能にはならない，ということである．このように多価性を生ぜしめる点では，関数 $f(z)$ が微分可能でなくなる．このような点を $f(z)$ の**分枝特異点**あるいは単に**分岐点**，または**渦点**などという．分岐点は，ある幾何学的意味をもっている．そのことについて説明致そう．

まず，最も簡単な $w = \sqrt{z}$ について．

$$z = re^{i\theta} \quad (r > 0,\ 0 \leq \theta < 2\pi)$$

に対して $w = f(z)$ は，**式（A・3－3）**で $n = 2$ の場合であるから，

$$w = \begin{cases} w_0 = \sqrt{r}\,e^{i\theta/2} \\ w_1 = \sqrt{r}\,e^{i(\theta+2\pi)/2} = -w_0 \end{cases}$$

となる．これら二つの分枝の値は，図形的には，原点 0 に関して対称の位置にある．いま，点 z が原点 0（分岐点）を中心とする一つの閉曲線（円と思ってよい）上を正の向き（0 を左側に見て回る向きを正とする）に一周したとする．そうすると，$z = re^{i\theta}$ の偏角は $\theta + 2\pi$ になり，各 w_k ($k = 0, 1$) の偏角は $2\pi/2 = \pi$ だけ増すので，w_0 は w_1 に，w_1 は w_0 に連続的に移ることになる．

同様のことは，一般の $f(z) = \sqrt[n]{z}$ ($n \geq 2$) についてもいえる．$z = re^{i\theta}$ の偏角が $\theta + 2\pi$ になると，各 w_k ($k = 0, 1, \cdots, n-1$) の偏角は $2\pi/n$ だけ増し，w_0 は w_1 に，w_1 は w_2 に，$\cdots$，w_{n-1} は w_n に，そして w_n は w_0 に，と隣の分枝に順次に移ることになる．

このようなことのために，0 は「分岐点」といわれるのである．

$w = \log z$ の場合とて同様である．

少々，立ち入ったことであるが，これらの関数を微分したとき，すなわち，**式 (A・3－7)** や **(A・3－8)**，これらをただ表面的に安易に納得してもらっては困る，ということ．**式 (A・3－7)** では，$\sqrt[n]{z}$ の主値は右辺の関数の主値でなくてはならないし，また，一般に多価関数の微分で多価関数が得られたとき，その等式は文字通りのものではなく，一方の値が他方の値に集合的な意味で含まれているものだからである．しかし，**式 (A・3－8)** のように，右辺が 1 価でかつ正則ならば，文字通りに解釈して構わない．つまり，**式 (A・3－8)** はどの分枝

であっても右辺は同じ，ということである．

演習的な意味で，多価関数等を少し扱っておこう：
まず，$w^2 = z^2+z+1$ という例であるが，これより
$$w = \pm\sqrt{z^2+z+1}$$
ということで，いずれも2価関数である．しかし，$w^2=z^2+2z+1$ となれば，
$$w = \pm(z+1)$$
で，これは2価関数ではなく，2個の1価関数である．

また，$w^n = e^z$（n は2以上の自然数）という例ではどうか．n 乗根の基本的性質を要するのだが，それ程，無理なことではない．これは
$$w = \sqrt[n]{1} \cdot e^{z/n}$$
である．
$$\sqrt[n]{1} = e^{i2k\pi/n} \quad (k = 0,\ 1,\ \cdots,\ n-1)$$
であって $\sqrt[n]{1}$ は n 個の相異なる値をとる．一方，$e^{z/n}$ であるが，$z = re^{i\theta}$（$r > 0$）として点 z が原点の回りを1周しても
$$e^{re^{i(\theta+2\pi)}/n} = e^{re^{i\theta}/n} = e^{z/n}$$
となって，これは1価関数である．従って $w = \sqrt[n]{1} \cdot e^{z/n}$ は n 価関数ではなく，相異なる n 個の1価関数というわけである．"w^n" という表式があるからとて n 価とは限らない．——似て非なることはよくある（多くの素人目には1円にもならないガラス玉が1億円以上のダイヤに似て見える，いや，ダイヤより光って見える）——，ということはしばしばあるので，よく注意されたい．

A・4　リーマン面

　複素関数論は，(この経緯等については後述するが，)主にコーシー，リーマンによって，そしてワイエルシュトラースによって1800年代にその大半は構築されている．とりわけ，リーマンの仕事は，そのうちでの幾何学的分野に集中している．これは，ガウスの後継者としては，当然の成り行きであったろう．

　これからリーマンのその卓越した業績の一つである**リーマン面**というものについてその「序の序」を，(それも，ほんの少しだけだが，)講ずることにする．これは，要するに，複素関数論的曲面であるが，(3次元的空間で)感覚的に構成することは無理なことが多い．ただし，既に現れたリーマン球面——これは，実は，**(閉)リーマン面**の最も単純な例である——などは例外的であるが．

　リーマンは，なぜそのような曲面を案出したのか，という疑問が生ずるかもしれない．もちろん，リーマンとて，いきなり，そのような曲面を考えたわけでない．その動機は，

$$w^2 = z^n, \ w^3 = z^n, \ w^4 = z^n, \ \cdots$$

$$(n \text{ は整数})$$

のような等式を満たす多価関数にあった．これらは，$P(z, w)$ を z と w の多項式としたとき，

$$P(z, w) = 0$$

という条件的等式の特殊な例である．このような方程式によって定義される(1変数)関数を**代数関数**という．

　前の例にあった $w^2 = z$，つまり，$w = \sqrt{z}$ は2価関数である．この値は，既に御覧いただいたように，ガウス平面上で分岐点0の回りを点 z が1周すると符号が変わり，さらにもう1周すると符号が元に戻るものである．このことから，点 z が0

の回りを1周しても元の位置に戻らず，2周して元の位置に戻るような"面"を考えれば $\sqrt{z}$ を1価関数にすることができる，と考えられよう．(同様のことは，メービウスの帯でもあった！(**第1章の第6節**).) こうして $\sqrt{z}$ に関する「リーマン面」といわれるものができる．では，これをどうやって構成するのか．それを今から述べる．

まず，$w = \sqrt{z}$ $(z \neq 0)$ は一つの z に対して二つの値をとる．そこで，いま，2枚のガウス平面を実軸が一致するように重ねておいて，0から負軸全体に沿ってずっと切断してゆく (**図A・4－1**．点として $z = 0$ は除かれる)．上述のように，0から負軸全体，というのは，一つの例に過ぎず，実際は，0から(自交点などをもたない) どんな曲線であっても構わない．ともかく，こうして負軸に沿って切ると，各ガウス平面には，図のように二つの切断線ができる：

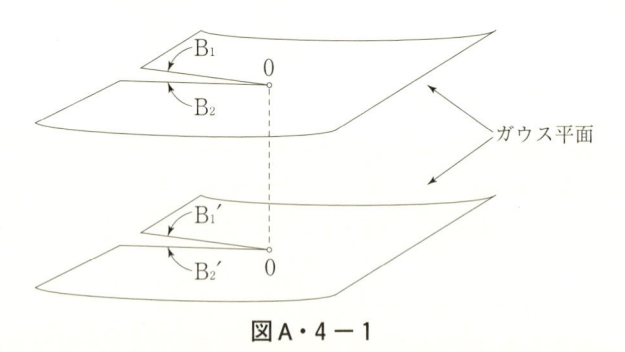

図A・4－1

上の方のガウス平面の二つの切断線を B_1, B_2, 下の方のそれらを B_1', B_2' とする．つぎに二つのガウス平面のこれらの切断線を互い違いに接着する．つまり，切断線 B_1 と B_2' をまず接合し，つぎに B_2 と B_1' を接合する (これは感覚的にはでき

ないが，数覚的にはできる)．こうしてできた接合線を本著では，**分枝交差線**ということにする．そしてこのように構成したリーマン面を象徴したものが，**図A・4－2**である（このリーマン面を$\mathscr{R}_1$と表そう）．

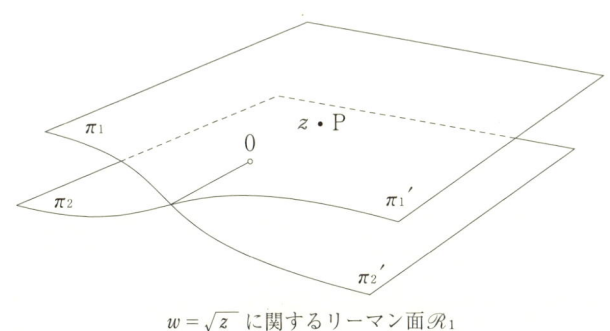

$w=\sqrt{z}$ に関するリーマン面$\mathscr{R}_1$

図A・4－2

負軸に沿って接合された2枚のガウス平面の各々は，この際，**葉**などといわれる．だから，$\mathscr{R}_1$は**2葉リーマン面**である．図中，π_1, π_1'は上の葉の負軸側の面を意味し，π_2, π_2'は下の葉のそれを意味する．(π_1, π_2等は円周率とは全く関係がない．念のために．)

そして図中の位置Pは，上の葉の正の実軸上に，以下の説明のために設けたものである．いま，点$z\,(\neq 0)$が位置Pより0の回りを正の向きに回転するとする．そして，まずRadπだけの回転で面π_1を通過して分枝交差線まで来たとき，(面π_1'の方にではなく，)面π_2'の方に進むのである．その後，0の回りを，面π_2を通って，2πだけ周り進み，再び分枝交差線に来るであろう．このときに，面π_1'の方に進んでRadπだけ周り，元の位置Pに戻るのである．これは，点zが$\mathscr{R}_1$上を**基本周期4πで周**

ることを意味している．2葉のうちの1葉は $w = w_0 = \sqrt{r}\,e^{i\theta/2}$ の値に，もう1葉の方は $w = w_1 = -w_0$ の値に対応する．従ってこの $\mathscr{R}_1$ 上で $w = \sqrt{z}$ は正則であるのみならず1価関数になる．

尚，拡張されたガウス平面を用いて $\sqrt{z}$ に関するリーマン面を構成することもできる．むしろ，こちらの方がよりよい，というべきだが．そのために，$z = 1/\zeta$ と置く．そうすると，

$$w = \frac{1}{\sqrt{\zeta}}$$

が得られる．ζ で微分すると，

$$w' = -\frac{1}{2\zeta^{3/2}}$$

となり，従って w は $\zeta = 0$ を分岐点にもつ．このことは，$z = \infty$ が $f(z) = \sqrt{z}$ の分岐点であることを意味する．0を左側に見て回転することは，∞を右側に見て回転することと同じである．このときのリーマン面は，リーマン球面（に2重に重なるリーマン面）であることを付記しておこう．

かくして $f(z) = \sqrt[3]{z}$ に関するリーマン面 $\mathscr{R}_2$ も $\mathscr{R}_1$ と同様に構成される（**図A・4－3**）．

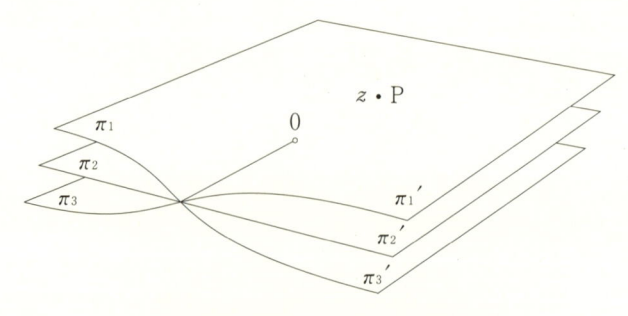

$w = \sqrt[3]{z}$ に関するリーマン面 $\mathscr{R}_2$

図A・4－3

$\mathscr{R}_1$ のときと同様に，位置 P にある点 $z\,(\neq 0)$ が 0 の回りを回転するとする．まず Rad π だけの回転で面 π_1 を通過して面 $\pi_2{}'$ の方に進む．その後，0 の回りを，面 π_2 を通って，Rad 2π だけ周り進み，そして面 $\pi_3{}'$ の方に進む．さらに 0 の回りを，面 π_3 を通って，Rad 2π だけ周り進み，それから面 $\pi_1{}'$ の方に進んで Rad π だけ周り，元の位置 P に戻るのである．基本周期は Rad 6π である．

一般の $f(z) = \sqrt[n]{z}$ $(n \geq 2)$ に関するリーマン面も同様である．

$f(z) = \log z$ に関するリーマン面は葉が無限に重なったものになる．この場合は，分岐点（原点）の回りをいくら周っても元の位置には戻らない．

尚，これら以外にもリーマン面は沢山あるし，複雑なものも構成できるが，本著では，これ位で止めておこう．

A・補遺

既述のように，**複素関数論**（略して**関数論**）の大半は，**コーシー (A. Cauchy)**，**リーマン**，そして**ワイエルシュトラース (K. Weierstrass)** によって構築されたものである．

コーシーは，「近代解析学の父」といわれる存在であり，関数論を解析学的視点によって構築した人である．その後，リーマンは，「近代代数学・幾何学の父祖」たるガウスから「数学の心得」を学び，関数論を，（複素解析的というよりも）幾何学的視点によって構築した．今日，見られる関数論の屋台骨は，コーシーとリーマンの2人によって 1800 年代中頃に出来上がったものである．

ワイエルシュトラースは基本的に解析学者であって,大体,その頃からテイラー級数（複素正則関数はテイラー展開される）を中心とした視点で複素関数論の解析学的研究をした人である.

かくしてこの主要3人物によって,関数論の屋台は,1800年代後半に殆ど完成の域に達した.

とりわけ,リーマンのそれは,（本著では取り挙げないが,）コーシーによる正則関数の積分表示の一般化等の解析学的研究,また,ガウス平面と一致しない単連結領域を単位円の内部に等角的に写す1対1正則関数の存在定理（端的例としては**図A・補一1**),………,と非常に価値の高いものが多い.

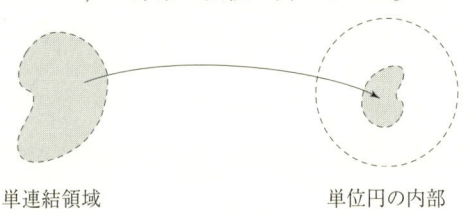

単連結領域　　　　　　単位円の内部

図A・補一1

リーマン面については,ここでは,簡単な多価関数を経て叙述されたのであるが,リーマンの天才は,始めから代数関数そのものをその"魔法の面"の上の正則関数として捉えた（1851年).

もっとも,その"魔法の面"は,当時は,生まれたてのものであっただけに,きちんとした定義にはなっていない.数学的に定義されたのは,リーマンの死後,40年以上経った1910年頃で,**ワイル(H. Weyl)** というスイス人数学者による.

それは,ともかく,リーマンは,まず,かのリーマン球面上で,**有理型関数**というものを論じたのであった.「有理型関数」とは,元来,ガウス平面の適当な（円環）領域で定義され,**極**

の他には特異点をもたない正則関数のことである．すなわち，$0<|z-a|<r$ なる領域で

$$\frac{a_{-m}}{(z-a)^m}+\frac{a_{-(m-1)}}{(z-a)^{m-1}}+\cdots\cdots+\frac{a_{-1}}{z-a}$$
$$+a_0+a_1(z-a)+a_2(z-a)^2+\cdots\cdots \qquad (\text{A・補ー}1)$$

（m は正の整数，係数は複素数）

と表されるような1価正則関数のことである．a_{-m} が 0 でないとき，$z=a$ は，この関数の m 位の**極**といわれる．（極は，**特異点**といわれるものの一例．）

有理型関数は，ガウス平面よりもリーマン球面に値をもつ関数として扱う方が自然であるし，また，審美的でもある．そしてそれから，リーマンは，代数関数をより一般の（閉）リーマン面上で論じたのであった．

リーマンの関数論の研究とリーマン幾何学の2大業績は，幾多の幾何学者に大影響を及ぼしたが，とりわけ，前述のワイルは，リーマンの遺鉢を最もよく受け継いだ人物といえるだろう．

さて，通常，関数論とは1変数複素関数論のことであり，そして，それは，19世紀に完成の域に達した，と述べたが，これは，関数論は，その全てが解明された，という意味ではない．そもそも，ガウス平面からガウス平面への図形とその像図形が与えられたとて，そのような関数を一般的に求めることは困難を極めるのである．このような問題に対しては，今だに，試行錯誤法という見苦しいやり方で対処しているのが現状である．「数の無限界」は，そう易々と人類の前にその内奥の姿を晒してはくれない．だからこそ，「数学者」といわれる人間群がいつまでも存在するわけである．

コーシーやリーマンが関数論を開拓し始めた頃，彼らは，ガ

ウス以前には想像もつかなかった「豊饒の地」に入った，と悟ったであろう．その感慨は，彼らでなければ分からない．

ガウス以前の 18 世紀の著名な数学者：オイラーや**ラグランジュ (J. Lagrange)**，そして**ラプラス (P. Laplace)** 達は，実際的で美しい関数論の世界を，垣間，見ることすらできなかった．ただ形式的計算ばかりに走っていたからである．とりわけ，$e^{i\theta} = \cos\theta + i\sin\theta$ という公式を見出したオイラー，そのオイラーですら彼の世界を夢にも想像がつかなかったのは，i を「単に便宜上のもの」，という程度にしか考えが及んでおらず，微分積分法を実変数だけにしか用いることができなかった，それらの所以にある．因みに $i (=\sqrt{-1})$ という記号を始めて用いたのは，オイラーだという．オイラーの此のような認識不足から生まれた，従って，当然，結果論的にしかその公式を正当化できなかったそのオイラーの公式を，関数論のきちんとした素養をすらもたずしてこれを振り回すのは，危険である．これはそもそも，事実上，実数の世界に閉じ籠った状態でありながら，虚数単位 i を安易に振り回しているようなものだからである．そうすると，例えば，
$$1 = \sqrt{1} = \sqrt{(-1)(-1)} = \sqrt{-1}\sqrt{-1}$$
$$= i \cdot i = -1$$
として，ボロを晒す状態にあっても気付かないでいるようなことになる．このような観点からして，**A・2 節**で示したような
$$\operatorname{Log} z_1 + \operatorname{Log} z_2 = \operatorname{Log}(z_1 z_2)$$
という"公式"の反例（そこでは $e^{-i\pi} = e^{+i\pi} = -1$ を用いた）は教訓的といえる．

ということで、ここらで、オイラーの公式のきちんとした関数論的導出を提示しておこう：

この際は、z を複素解析的変数として、出発点は微分方程式
$$f'(z) = f(z), \ f(0) = 1 \qquad \text{(A・補ー2)}$$
とする．(本著では、コーシーの積分表示を講じていないので、)ここに、$f'(z)$ はガウス平面全体で連続と仮定する．式 (A・補ー2) は
$$\begin{cases} u_x + iv_x = u + iv, \\ u(0, \ 0) = 1, \ v(0, \ 0) = 0 \end{cases}$$
という偏微分方程式系である．すなわち、
$$u_x = u, \ v_x = v \quad \cdots\cdots ①$$
である．いま、y を任意に固定して $y = Y$ と表す．u_x, v_x は連続関数であるから、ここの式①より
$$\int_0^Y \frac{\partial u}{\partial x} dy = \frac{d}{dx}\int_0^Y u\, dy$$
$$= \int_0^Y u\, dy, \quad \cdots\cdots ②$$
$$\int_0^Y \frac{\partial v}{\partial x} dy = \frac{d}{dx}\int_0^Y v\, dy$$
$$= \int_0^Y v\, dy \quad \cdots\cdots ③$$
がいえる．そこで
$$\int_0^Y u\, dy = F(x, \ Y) \quad \cdots\cdots ④$$
$$\int_0^Y v\, dy = G(x, \ Y) \quad \cdots\cdots ⑤$$
と表すことで、式②，③は
$$\frac{d}{dx} F(x, \ Y) = F(x, \ Y)$$
$$\frac{d}{dx} G(x, \ Y) = G(x, \ Y)$$

となる．これらより
$$F(x, Y) = e^x \varphi(Y),$$
$$G(x, Y) = e^x \psi(Y)$$
が得られる．そこで，Y を変数 y に戻して
$$F = F(x, y) = e^x \varphi(y), \quad \cdots\cdots ⑥$$
$$G = G(x, y) = e^x \psi(y). \quad \cdots\cdots ⑦$$
式④，⑤からわかるように，このとき
$$F_y = u, \quad G_y = v$$
であるから，式⑥，⑦より
$$u = e^x \varphi'(y),$$
$$v = e^x \psi(y).$$
そこで $\varphi'(y) = \Phi(y)$, $\psi'(y) = \Psi(y)$ と表せば，
$$u = u(x, y) = e^x \Phi(y)$$
$$(\Phi(0) = 0),$$
$$v = v(x, y) = e^x \Psi(y)$$
$$(\Psi(0) = 0)$$
となる．（$f'(z)$ の連続性より）これらの u, v は C-R 方程式を満たすべきだから，
$$u_x = e^x \Phi(y) = e^x \Psi'(y) = v_y,$$
$$u_y = e^x \Phi'(y) = -e^x \Psi(y) = -v_x$$
でなくてはならない．従って
$$\Phi(y) = +\Psi'(y),$$
$$\Phi'(y) = -\Psi(y)$$
が得られる．$\Phi(0) = 1$, $\Psi(0) = 0$ の下でこの常微分方程式は容易に解けて
$$\Phi(y) = \cos y, \quad \Psi(y) = \sin y.$$
ゆえに

$$f(z) = u + iv$$
$$= e^x(\cos y + i \sin y). \quad \cdots\cdots ⑧$$
この解は唯一であるから，この時点で，この $f(z)$ を
$$f(z) = e^z$$
と定義するのである．そして
$$e^z = e^{x+yi} = e^x \cdot e^{iy}. \quad \cdots\cdots ⑨$$
によって複素指数法則を導入し，式⑧と⑨を比べて
$$e^{iy} = \cos y + i \sin y.$$
こうしてオイラーの公式がきちんと得られるわけである．

ところで，微分方程式（**A・補－2**）であるが，これは，実数の値をとる実関数の微分方程式
$$f'(x) = f(x), \ f(0) = 1$$
の複素関数版である．この方程式の解は，もちろん，$f(x) = e^x$ であるが，x を z としても，同様の結果が期待されるであろう，という帰納的予測に**式（A・補－2）**は基づくものである．$f(z) = e^z$ はガウス平面全体で正則である．ガウス平面全体で正則な関数は**整関数**といわれる．$f(z) = z^2$ はもちろんのこと，$f(z) = a_0 z^n + a_1 z^{n-1} + \cdots + a_n$（$n$ は自然数，係数は複素数）は整関数の典型例である．

e^z は，e^x の x を z にしただけであるが，e^x にはない多様な性質をもっている，ということは，**A・2節**で御覧いただいた通りである．e^x は単なる単調増加関数だが，e^z の方は周期関数である．しかも，$\lim_{x \to \infty} e^x = \infty$ であるが，e^z の方は，一般には $\lim_{z \to \infty} e^z = e^\infty = \infty$ とはならないのである．これは，$z = |z|e^{i\mathrm{Arg}\,z}$ （$|z| > 0$）に対して

$$z_n = \log|z| + i(\mathrm{Arg}\, z + 2n\pi)$$

(n は自然数)

という点列 $\{z_n\}$ が,必ず,$f(z)$ の定義域であるガウス平面に存在することからわかる.実際,$n \to \infty$ のとき $z_n \to \infty$ となるが,

$$\lim_{n \to \infty} e^{z_n} = |z|e^{i\mathrm{Arg}\, z} = z$$

である.もちろん,実軸上では,$e^z = e^x$ となるから,$\lim_{n \to \infty} e^x = \infty$ である.だから,$f(z) = e^z$ は,拡張されたガウス平面を用いて,$f(\infty)$ をただ一つに定めることはできない.このことは,$f(z) = e^z$ を,前に述べたリーマン球面上に乗せられないことを意味する.この場合,$z = \infty$ は籠り込むことが困難な特異点,というわけである.

こうして御覧いただいただけでも,「e^z は e^x のような単純なものでは全くない」,ということはわかってもらえるであろう.

さらに e^z から定義される対数関数 $\log z$,そしてそれから定義される様々の関数も現れるので,「複素関数の世界」は多様に満ちている世界なわけ.それらを,落し穴に陥ることなく,扱うのは,かなりのレヴェルの人にとっても容易なことではない.細心の注意をしていても,どこかでボロリと失敗しかねない.

そもそも,「C−R方程式が成り立てば,$f'(z)$ は存在するか」,という件ですら,きちんと論ずるのは,易しくはない.概して関数論は,解析と位相幾何がその骨格になっているため,数学の中でも難しい分野に数えられる.「複素関数の世界」には奇々怪々な妖怪がうようよいる,と思って,これからそれをやろうとする人は,重々,襟を正して進まれたい.

Coffee Break Ⅲ

オイラーの公式を機に：数学では「公式」というものが，毎度，用いられる．そのためか，「数学とは，ただ公式を暗記してそれを機械的に使って計算するもの」，とふつう，思われている．こういう錯誤の原因は，主に小学算数から高校数学にある．高校数学における三角関数などは，公式の羅列の典型である．しかし，それらは，本当に，「公式」というに価するものであろうか，というに，実は，殆どが「公式」というに価しないのである．元来，「公式」とは，それを導出するにはかなりの手間がかかる，だから，それをいちいち導いてから用いるというのでは，時間的にもロスが多大である，というところから生じたものである．それゆえ，せいぜい 2〜3 分で導けるようなものは，「公式」というには価しまい．三角関数の場合で，少し引用列挙してみよう：

加法定理

(公式 1) $\sin(\alpha+\beta) = \sin\alpha\cos\beta + \cos\alpha\sin\beta$

(公式 2) $\sin(\alpha-\beta) = \sin\alpha\cos\beta - \cos\alpha\sin\beta$

(公式 3) $\cos(\alpha+\beta) = \cos\alpha\cos\beta - \sin\alpha\sin\beta$

(公式 4) $\cos(\alpha-\beta) = \cos\alpha\cos\beta + \sin\alpha\sin\beta$

$\vdots$

半角の公式

(公式イ) $\sin^2\dfrac{\theta}{2} = \dfrac{1-\cos\theta}{2}$

(公式ロ) $\cos^2\dfrac{\theta}{2} = \dfrac{1+\cos\theta}{2}$

(公式ハ) $\tan^2\dfrac{\theta}{2} = \dfrac{1-\cos\theta}{1+\cos\theta}$

倍角の公式
(公式ニ) $\sin 2\theta = 2 \sin \theta \cos \theta$
(公式ホ) $\cos 2\theta = \cos^2 \theta - \sin^2 \theta = 2\cos^2 \theta - 1$
$= 1 - 2 \sin^2 \theta$
(公式ヘ) $\tan 2\theta = \dfrac{2 \tan \theta}{1 - \tan^2 \theta}$

3倍角の公式
⋮

和と積の変換公式
⋮

ザッとこんなものである．これでうんざりしない人間や数学ぎらいにならない人間はどうかしている．

　これらについて，少々もの申す甲斐はあるだろう．加法定理という用語は，大仰過ぎるが，それはともかくとして，まず，「公式」として（公式1），これはよい．しかし，（公式2）〜（公式4）はそれには全く価しまい．例えば，（公式3）は，（公式1）で単に α を $\alpha+\pi/2$ と読み換えればよく，それを導くのに2行も要しないものである．

　つぎに，（公式イ）〜（公式ハ）であるが，これらは，（公式ニ）〜（公式ヘ）と全く同じことである．つまり，無駄な重複羅列になっている．だから，（公式ニ）〜（公式ヘ）だけで足りる．しかし，これらとて，（公式1），（公式3）等で単に $\alpha = \beta (=\theta)$ としただけのものであるから，即座に導出できるものである．従ってこれらの"公式"は「公式」というには価しないものばかり，ということになる．"公式"が多い程，要らぬ暗記に労せねばならなくなろう．もし教科書における三角関数の分野が，

$$\sin(\alpha+\beta) = \sin\alpha\cos\beta + \cos\alpha\sin\beta$$

のみを公式としていたなら，随分とすっきりしたものになったであろうし，そしてそれ一つを駆使して考えることにより様々な綺麗な等式（前掲の諸公式を含めて）が導かれることになるため，学習者（＝生徒達）は，それ相応なりとも，数学の魅力・素晴らしさを噛みしめることができたであろうに．されば，人間個人個人のあり方もそれなりに向上し，人間社会はよい意味で大きく変わっていたであろう．なぜなら，数学は数に関する学問であるばかりではなく，人生の日常的な件においても，適確に対処するそういう判断力を培うためのものでもあるからである．しかし，現実は反対で，学習者は，そういう感動も判断力も得ることはなく，学校を卒業してしまっている．――「数学？ サイン・コサイン，なんになる．ようやく解放されてすっきりした」，「あんなものは人生の役に立たないただの数字ゲーム」などと思いながら．やたら勝手に"公式"に仕立てて，それらの多くを覚えさせるように仕向けるほど，数学教育は下劣になる．楽を望む人間の頭は，だまっていても暗記に走るようにできているだけに，それに拍車をかけるほど，融通の利かないコチコチ頭を育成するからである．――労せず（＝考えず）して数学をやれるように，とお膳立てしてやっているようなものだから，それでは，多くを要領よく覚えるだけで，頭の回転そのものがよくなるわけがない．だから，仮に試験でよく得点したとて，生徒は，数学が基本的につまらないのである．これが現代に於ける「数学離れ」の一大要因であろう．

数学教育たるは，"公式"を偏重し過ぎて，数学ぎらいや数学離れを促進させないように，あっていただきたいものである．

――――――――――――――――――

B リーマン積分

B・1　17〜18世紀の微分積分法への反省

　17世紀後半に於いてニュートン・ライプニッツによって始まった1変数微分積分法は，18世紀には多変数微分積分法，すなわち，偏微分法や重積分法まで進展した．

　計算技術的には，これで，微分積分法は，大体，完成の域に達した，といえる．しかし，概念的には，多くの点でお粗末様であった．そもそも，微分積分法の土台は**極限**にあるのだが，これが(高校数学でやるような)極限算法という，ただの計算走りでしかなかったため，あちらこちらの屋台骨が安定しておらず，ちょっとした台風ですら，場合によっては，屋台の半分以上が崩れてしまう，という状態であった．「そのような計算をしてはならない」，という所が相当あるにも拘らず，賢くも，しかし，(時代的に)未熟な当時の数学者達は平然とそういう計算をやっていた．中でも，級数論のようなものはてんで成っておらず，オイラー達ですら認識の伴わない計算をしている．

　「**無限級数**」というものは，(コーシーによれば，)「有限項から成る数列の和 S_n を考えて $n \to \infty$ としたもの」だが，この素朴なやり方では通用しないものが沢山ある．そのようなときは，テイラー展開やフーリエ級数展開(後述)を用いたりする．例えば，

$$e^x = 1 + x + \frac{1}{2!}x^2 + \frac{1}{3!}x^3 + \cdots + \frac{1}{n!}x^n + \cdots \qquad \text{(B・1－1)}$$

であるから，左右辺を逆に見て，$x = 1$ とおけば，

$$1 + 1 + \frac{1}{2!} + \frac{1}{3!} + \cdots + \frac{1}{n!} + \cdots = e$$

であり，$x = -1$ とおけば，

$$1 - 1 + \frac{1}{2!} - \frac{1}{3!} + \cdots + \frac{1}{n!}(-1)^n + \cdots = \frac{1}{e}$$

という級数和がすぐに得られるのが，その典型例である．ここで符号 ± が（規則的に）入り混じった級数が現れた．このような級数を**交代級数**という．

等比級数の例で交代級数が現れるものを挙げておこう：例えば，$n \geqq 0$ としておいて

$$\frac{1}{1+x} = 1 - x + x^2 - x^3 + \cdots + (-1)^n x^n + \cdots \quad \text{(B·1-2)}$$

であるから，$x = 1/2$ とおくと，

$$\frac{2}{3} = 1 - \frac{1}{2} + \left(\frac{1}{2}\right)^2 - \left(\frac{1}{2}\right)^3 + \cdots + \left(-\frac{1}{2}\right)^n + \cdots$$

である．しかし，ここで注意せねばならないのは，**式（B·1-1）**で，無思慮に $x = 1$ などとおいてよいのか，ということである．**式（B·1-2）**のときとて然り．すなわち，具体的な数を代入する以前に，x の関数 $x, x^2, \cdots, x^n, \cdots$ によるそれらの級数の収束性がきちんと確認されているのか，という問題である．**式（B·1-2）**のようなものは，高校数学でも見られるように，$|x| < 1$ であればよい．しかし，18 世紀までの数学者達は，既述のように，オイラーのような大数学者までが，このようなことにかなり無頓着であったのである．**式（B·1-2）**のような交代等比級数では，多分，やらなかったであろうが，しかし，等比級数でなければ構わない，と考えていたのか，例えば，**式（B·1-2）**の両辺に $1-x$ を掛けて

$$\begin{aligned}
\frac{1-x}{1+x} &= 1 - x + x^2 - x^3 + x^4 - \cdots\cdots \\
&\quad - x + x^2 - x^3 + x^4 - \cdots\cdots \\
&= 1 - 2x + 2x^2 - 2x^3 + 2x^4 - \cdots\cdots
\end{aligned}$$

とし，$x = 1$ とおけば，

$$0 = 1-2+2-2+2-\cdots$$

となる，などとして平然としていた．（読者には，「この右辺は 1 であるべきだ」，と考える人がいるかもしれない．）上記の

$$1-2x+2x^2-2x^3+2x^4-\cdots\cdots$$

は等比級数ではないが，しかし，「安易に $x=1$ などと置くのは軽薄」，との誹りは免れない．

「無限級数にある関数を掛けたりすることが，どれだけ重大なことであるか，また，無限級数の和とはどうあるべきものか」，ということで，無限級数に関する件は，一からやり直しを余儀なくされたのである．因みにオイラーは，

$$\begin{aligned}
\frac{1-x}{(1+x)^2} &= (1-x+x^2-x^3+\cdots\cdots)\\
&\quad \cdot (1-2x+2x^2-2x^3+\cdots\cdots)\\
&= 1-2x+2x^2-2x^3+\cdots\cdots\\
&\quad\ -x+2x^2-2x^3+\cdots\cdots\\
&\qquad\quad +x^2-2x^3+\cdots\cdots\\
&\qquad\qquad\quad -x^3+\cdots\cdots\\
&\qquad\qquad\qquad\vdots\\
&= 1-3x+5x^2-9x^3+7x^4-\cdots\cdots
\end{aligned}$$

として，$x=1$ を代入し，

$$0 = 1-3+5-6+7-\cdots\cdots$$

を得る，という計算をしていることが数学史で知られている．

コーシーの時代でも，まだ，級数の扱いはかなり粗雑であって，特に，級数の中の項を都合勝手に入れ換える，ということも頻繁にやられていたようである．このようなことに対して警鐘を鳴らしたのがリーマンであって，それは，**第 0 章**にも記し

てある年，すなわち，リーマン積分が定義された 1854 年であった．近代級数論の観点からは，一般に級数では，都合勝手にかっこを付けたり，項の順序を変更したりすることは許されない．例えば，

$$1-1+1-1+1-1\cdots\cdots$$

という級数を

$$(1-1)+(1-1)+(1-1)+\cdots=0,$$
$$1-(1-1)-(1-1)-\cdots\cdots\quad =1,$$
$$1+1-1-1+1+1-1-1\cdots\cdots$$

などとしてはならない．ここの3式の三つ目の級数は，勝手に項の順序を入れ換えたのである．どういうときに項の順序を入れ換えたりしてもよいのか，というのは，級数論の主要問題の一つであるが，いま，それを論ずるのは横道にそれる．ここで述べるべきことは，「**級数の和**」というものは，どのように定義されたのか，ということである．

とりあえずは，「級数の和をきちんと定義するべきだ」，と提唱したのはコーシーであって 1820 年頃のことである．コーシーは，まず，級数の第 n 部分和 S_n を考え，それからその収束性をきちんと（$\varepsilon-\delta$ 論法というもので）論議すべきだ，と主張したのである．コーシーによる極限の概念が現れるや，それまでの定積分も見直しを改たに迫られることになった．これは，まずは，コーシー自身によって先陣が切られた．

このようなコーシーの論文や著書を，当然，読んだであろうリーマンは，その定積分の収束概念に目を付けた．コーシーの積分概念は，本質的には，**コーシー和**（後述）といわれる区分求積的量に彼の発案した極限論法を適用したものである．実用的範囲の関数では，それで，大概，支障はないが，しかし，お

家元コーシーにも，解析学的には，少なからずの不備や誤りが見られたのである．こうして，解析学は，厳密さを基調として進展してゆかざるを得なくなるわけである．高校数学等における微分積分法と大学課程における純数学的な微分積分学とのギャップは，このようなコーシーやリーマンの研究辺りから生じている．それは，「近代解析学の粋」というべきものだが，他方では，それに対して「解析学とは，明らかなこと（そう見えること）にいちいち，うるさいことをいうものだ」，という誇りもごくふつうに見聞されやすい．もちろん，そのような誇りなどは，解析学ばかりでなく，数学全般への無理解に起因しているものだが．

　ともかく，かくしてリーマンは，定積分の然るべき定義を与えることになるのだが，その積分可能条件までを与えたわけではない．これは，リーマンより16歳程年少のフランスの数学者**ダルブー**（J. G. Darboux）によって与えられた．此の事自体は難しくはないが，本著のような初等数学では，それは割愛させていただくとして，ここでは，リーマンの定積分の定義——これを**リーマン積分**という——に到るまでの経緯とリーマン積分というものについての概説をするに止める．

B・2　フーリエ級数

　些か数学史的ではあるが，数学の発展にも動機的順というものがあるので，それを無視して，いきなり，フーリエ級数論を講ずるには抵抗があるゆえ，いま，しばらく，御静聴願いたい．

　1700年代，物理学では，波の状態を記述する方程式について様々な論議が繰り返されていた．

　波の方程式とは，1次元の場合で記すなら，

$$\frac{1}{v^2}\frac{\partial^2 \xi}{\partial t^2} = \frac{\partial^2 \xi}{\partial x^2} \qquad (\text{B}\cdot 2-1)$$

(t は時刻を表す変数)

という形の偏微分方程式である．v は波の(位相)速度であって，ξ が波の状態を表すものである．この解が，n を整数として

$$\xi = \xi(t, x) = \sin nvt \sin nx \qquad (\text{B}\cdot 2-2)$$

で表される，ということは，1715年に彼のテイラー(B. Taylor)によって見出されていた．このような解は**定常解**といわれる．しかし，この解の形は，かなり特殊なものであることは明らかである．その後，解の形は，一般に

$$\xi = f(x-vt) + g(x+vt) \qquad (\text{B}\cdot 2-3)$$

である，と主張したのは，**ダランベール**(d'Alembert)であって 1747 年のこと．もっとも，ダランベールの解は，当初は，ある条件下で $\xi = f(x-vt) + f(x+vt)$ の形であったが．

しかし，ダランベール解(B・2-3)は，他の物理学者や数学者達に快く受け容れられたわけではない．そもそも，当時は，「関数」という概念の認識が，事実上，無に等しかっただけに，勝手にとれる f や g という代物に多くの学者が抵抗を感じたことであろう．それゆえ，ダランベール解に対しての論難攻撃は，要するに，"それが波の挙動を表す具体的解としての一般解とは認め得ない"，ということに尽きたのである．そうこうしているうちの 1753 年，**式(B・2-1)の一般解**は

$$\xi = \sum_{n=1}^{\infty} a_n \sin(nvt + \theta_n) \sin nx \qquad (\text{B}\cdot 2-4)$$

($\theta_1, \theta_2, \cdots$ は定数)

である，と**ベルヌーイ**(D. Bernoulli)が主張した．ここに，史上初めて，正弦関数を伴った無限級数解が現れたことに留意さ

れたい．これは，テイラー解 (**B・2−2**) に $\sum_{n=1}^{\infty}$ を付したに過ぎないが，しかし，たったそれだけのことが，なかなか考え着かないものでもある．もちろん，その頃のことだから，その無限級数の収束性については全く考えられていない．しかし，その件等を抜きにすれば，**式 (B・2−4) は方程式 (B・2−1) の解**（形式解）になっていることは簡単にチェックしていただけよう．これに対してダランベールやオイラー達の(誤った)論難，つまり，勝手にとれる f が sin, cos の周期関数で表されるはずなどない，という批判はあったが，ともかく，ベルヌーイ解は研究報告として無視されはしなかった．

それから半世紀も経った頃，フランス学士院が広く懸賞論文を募った．1807年，**フーリエ (J. Fourier)** はそれに向けた論文をしたためた．これが，その後，様々の論議を巻き起こすことになる，有名な**フーリエ級数**の内容であった．フーリエは，それを，**熱伝導の方程式の解**として得たのである．**熱伝導の方程式**とは，これも1次元の場合で記すなら，

$$\frac{1}{\kappa}\cdot\frac{\partial \xi}{\partial t}=\frac{\partial^2 \xi}{\partial x^2} \qquad (\text{B・2−5})$$

という形の偏微分方程式である．κ は**熱伝導率**といわれる(正の)定数であって，ξ は温度と思ってよい．フーリエは波の方程式のベルヌーイ解 (**B・2−4**) を参考にして自らの熱伝導の方程式の解を求めた．その解は，

$$\xi=\sum_{n=1}^{\infty} e^{-\kappa n^2 t}(a_n \cos nx + b_n \sin nx) \qquad (\text{B・2−6})$$

という形になる．初期条件を与える関数は $\xi(0, x)=f(x)$ として適当にとれる．波の方程式の解に sin, cos が現れるのは

自然に納得がゆくとしても，熱伝導の方程式にそれらが現れるとは，「これ，いかに？」，と思われるかもしれない．もちろん，当時，これは大へんセンセーショナルなことであって，従って多くの論議の後にフーリエの受賞は決定している．

フーリエのその研究は，まとめて，1822年に『熱の解析的理論』として出版されるに到った．そこに見られるフーリエ級数は以下の通りである：

$[-\pi, \pi]$ で有界な関数 $f(x)$ は

$$f(x) = \frac{a_0}{2} + \sum_{n=1}^{\infty}(a_n \cos nx + b_n \sin nx) \quad (\mathsf{B}\cdot 2-7)$$

という三角関数級数で表される．ここに

$$a_n = \frac{1}{\pi}\int_{-\pi}^{\pi} f(x)\cos nx\, dx$$
$$(n = 0, 1, 2, \cdots), \quad (\mathsf{B}\cdot 2-8)$$
$$b_n = \frac{1}{\pi}\int_{-\pi}^{\pi} f(x)\sin nx\, dx$$
$$(n = 1, 2, 3, \cdots) \quad (\mathsf{B}\cdot 2-9)$$

である．

因みに，積分記号として $\int$ を始めて用いたのは，ライプニッツであることが知られているが，定積分記号として $\int_a^b$ を始めて用いたのは，フーリエで，それは $a = -\pi$, $b = \pi$ としてのデビューであった．

こうしてフーリエによって，「ダランベール解を表す f や g が sin, cos で，表される」，という不思議は氷解することになるため，実質的には，式（B・2－3）と式（B・2－4）は同じことになる訳である．それゆえ，ダランベール側とベルヌーイ

側は，実は，双方共に一致することをやっていながら，互いに，「相手側は正しくない」，と論争していたことになるわけである．

もっとも，ダランベール解は進行波と後退波を重ね合わせた解であるが，適当な条件を満たせば，(固有)定常解の級数和になる，と添えておこう(**図B・2－1**)．

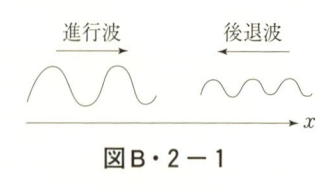

図B・2－1

これから，**式(B・2－7)**〜**(B・2－9)**を具体的に評価して論点をはっきりと浮上させることにする．

まず，**式(B・2－8)**であるが，これは，**式(B・2－7)**の両辺に $\cos mx$ ($m = 0, 1, 2, \cdots$) を掛けて(形式的に)積分したものである．実際，高校数学でやるように，

$$\int_{-\pi}^{\pi} \cos nx \cos mx \, dx$$
$$= \frac{1}{2} \int_{-\pi}^{\pi} \{\cos(n+m)x + \cos(n-m)x\} dx$$
$$= \begin{cases} \frac{1}{2}\left[\dfrac{\sin(n+m)x}{n+m} + \dfrac{\sin(n-m)x}{n-m}\right]_{-\pi}^{\pi} & (n \neq m \text{ のとき}) \\ \frac{1}{2}\left[x + \dfrac{\sin 2nx}{4n}\right]_{-\pi}^{\pi} & (n = m \text{ のとき}) \end{cases}$$
$$= \begin{cases} 0 & (n \neq m \text{ のとき}) \\ \pi & (n = m \text{ のとき}), \end{cases}$$
$$\int_{-\pi}^{\pi} \sin nx \cos mx \, dx = 0$$

であるから，**式(B・2－7)**より

$$\int_{-\pi}^{\pi} f(x) \cos nx \, dx = \pi a_n \quad (n = 0, 1, 2, \cdots)$$

となる．(この際，a_n が 0 でないためには，$f(x)$ は偶関数で

なくてはならない.)

式(B・2－9) も同様にして得られる.

さて, これらの計算であるが, $\int_{-\pi}^{\pi} \cos nx \cdot \cos mx \, dx$ のようなものは, もちろん, 問題ではない. 問題点の一つは, **式(B・2－7)** の両辺に $\cos nx$ (あるいは $\sin nx$) を掛けて各項別に積分(――項別積分)した点にある. このようなことの成否については, 本著で述べるわけにはゆかない. それは, フーリエのその時点からずっと経った後のワイエルシュトラースの成果を待たねばならないからである. ただ, 「無条件には, そのような項別積分は許されない」, と添えておくのみである.

しかし, まずは, それ以前に種々の問題点があるのである. それは, そもそも, **式(B・2－7)** の右辺そのものは, どのような意味にせよ, どういう条件を満たしたときに収束するのか, そして収束するならどういう(解析学的)性質の関数に収束するのか, という問題である. これらは, 関数項級数論一般の問題でもある.

一方, **式(B・2－7)** から形式的に得られる a_n や b_n を再び **式(B・2－7)** に代入したものを**フーリエ級数**というが, $f(x)$ から得られたフーリエ級数は, 仮に収束するとしても, それは必ず $f(x)$ の値に一致するのか, という問題がある. フーリエは, この一致を示そう, と努力したようであるが, それは, 必ずしも一致はしない.

それゆえ, $f(x)$ のフーリエ級数というものは, **式(B・2－7)** のように等式で表さず,

$$f(x) \sim \frac{a_0}{2} + \sum_{n=1}^{\infty} (a_n \cos nx + b_n \sin nx)$$

$$(a_n,\ b_n\ は\textbf{フーリエ係数})\quad\quad (\textbf{B}\cdot\textbf{2}-\textbf{10})$$

のように表すわけである．こうして，この式，すなわち，**式(B・2−10)** の右辺の収束性・非収束性，$f(x)$ との一致・不一致を論ぜねばならないのである．

簡単な例を一つ扱ってみよう：

$f(x)=|x|\ (-\pi\leqq x\leqq \pi)$ のフーリエ級数は，次のようになる：

$$a_0=\frac{1}{\pi}\int_{-\pi}^{\pi}|x|dx=\pi,$$
$$a_n=\frac{1}{\pi}\int_{-\pi}^{\pi}|x|\cos nx\,dx=\frac{2}{\pi}\int_0^{\pi}x\cos nx\,dx$$
$$=\frac{2}{\pi n}\int_0^{\pi}x(\sin nx)'dx=-\frac{2}{\pi n^2}(1-(-1)^n)$$
$$(n=1,\ 2,\ \cdots)$$

より

$$|x|\sim \frac{\pi}{2}-\frac{2}{\pi}\sum_{n=1}^{\infty}\frac{1-(-1)^n}{n^2}\cos nx$$
$$(-\pi\leqq x\leqq \pi)\quad\quad(\textbf{B}\cdot\textbf{2}-\textbf{11})$$

となる．この式の右辺における "$\sum_{n=1}^{\infty}\cdots$" の所は，$n$ が奇数のときしか残らないので，n を改めて $2n-1$ として

$$|x|\sim \frac{\pi}{2}-\frac{4}{\pi}\sum_{n=1}^{\infty}\frac{1}{(2n-1)^2}\cos(2n-1)x \quad(\textbf{B}\cdot\textbf{2}-\textbf{11})'$$

と表記してもよい．この右辺は収束し，$|x|$ に等しい（ことが示される）．

さて，では，「$f(x)$ がどのような条件を満たすならば，そのフーリエ級数が収束して $f(x)$ に一致するのか」，という件に就いてだが，その条件を初めて与えたのは，リーマンの師の1人であった彼のディリクレである．それは次の様なものである：

すべての x で $f(x+2\pi)=f(x)$ を満たす有界な関数 $f(x)$ に対して，それが $[-\pi, \pi]$ において区分的に「連続かつ（広い意味で）単調」であれば，$f(x)$ のフーリエ級数は連続点の各点 x で $f(x)$ に収束し，不連続点の $x=x_j$ ($j=1, 2, \cdots, m$) で
$$\frac{\lim_{x \to x_j - 0} f(x) + \lim_{x \to x_j + 0} f(x)}{2}$$
に収束する．

用語が少し難しいかもしれないので，うんと砕いて説明致そう．まず，**有界**という語は，既に**式 (B・2－7)** の所でも現れたが，これは文字通りで，関数の値が上にも下にも頭打ちになる，ということ，つまり，$\pm\infty$ に伸びることはない，ということである．例えば，$f(x)=\sin x$ ($-\infty<x<\infty$) は ± 1 で頭打ちになる有界関数であるが，これに対して，$f(x)=\tan x$ ($-\infty<x<\infty$) は $x=(\pi/2)+n\pi$ (n は整数) で $\pm\infty$ に伸びる非有界関数である．

そして，**区分的に**「連続かつ（広い意味で）単調」とは，例えば，$[-\pi, \pi]$ に $f(x)$ の不連続点 $x=x_1, x_2, \cdots, x_m$ が順にあって

$\quad I_1=(-\pi, x_1), I_2=(x_1, x_2), \cdots, I_m=(x_{m-1}, \pi)$

としたとき，各 I_j ($1 \leqq j \leqq m$) で $f(x)$ が連続かつ（広い意味で）単調ということである．この場合，$[-\pi, \pi]$ での f の有界条件から，$f(x)$ に対して左方極限 $\lim_{x \to x_j - 0} f(x)$，右方極限 $\lim_{x \to x_j + 0} f(x)$ ($j=0, 1, \cdots, m$) の存在が要求される（**図 B・2－2** 参照）．（左方，右方極限はそれぞれ $f(x_j-0)$, $f(x_j+0)$ のようにも表記される．）

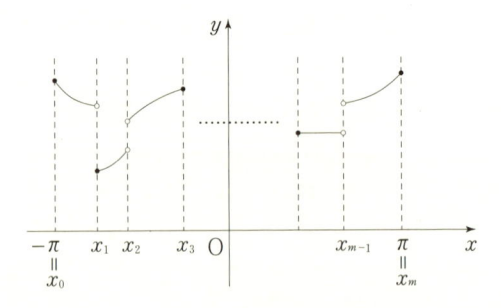

$y = f(x)$ が $[-\pi, \pi]$ で，区分的に「連続かつ（広い意味で）単調」，ということの象徴的図．$f(x_j)$ $(0 \leq j \leq m)$ の値は必ずしも与えられていなくともよい．

図 B・2－2

ディリクレとて，このような条件をいきなり与え得たわけではない．既にフーリエは，その著作の中で，「ある不連続関数までも彼の（フーリエ）級数で展開できる」，というこれまたセンセーショナルなことを示していたのである．

このディリクレの条件は，より一般に，区分的に「連続かつその導関数も連続」，と改められるが，それは，ずっと後のことである．

B・3　リーマン積分

フーリエ級数に関するディリクレの研究は，フーリエによる『熱の解析的理論』の出版の 7～8 年後から，ディリクレ 24～25 歳の頃より始まった．このときディリクレは，フーリエ係数を定めるべくに当たって，それまでの「**関数**」というものへの考え方を反省しなくては，と考え始めた．ディリクレ以前までは，"関数というものは（多項式や整級数のような）文字式で表されるべきもの"，という漠然的なものでしか捉えられていなかっ

たのである．このような未熟さもあったため，オイラー達は，波の方程式の解として，ベルヌーイ解のように，「望むがままにとれる初期関数が三角級数で与えられる」，ということに強い反対の意を表したのである．

元に戻って，ディリクレは，その後，数年を費やして，コーシーによる関数概念を踏まえて「**関数**」というものの概念をかなり明確にし，できるだけ一般の関数（ある種の不連続関数も含めて）を籠り込んでのフーリエ級数論を展開した．この研究成果とコーシーの解析学が，やがてリーマンをして，「**定積分の定義**」を明確にすべし，という方向に動かし始めたのである．既にコーシーは，有界閉区間での連続関数に対する定積分の存在性の研究を手懸けていた．コーシーは，フーリエが『熱の解析的理論』を出版した翌年の 1823 年，『無限小解析要論』を出版している．

（これらをまとめた邦版を紹介しておこう：小堀憲　訳『コーシー・微分積分学要論』共立出版．）

その著書の中で，コーシーは「連続関数の定積分の存在定理」を"証明"付きで述べた．その定理は，要するに，次のようなものである：

(★)　有界閉区間 $[a, b]$ で連続な関数 $f(x)$ は定積分可能である．すなわち，$\int_a^b f(x)\,dx$ が存在する．

これは明らかなことに思われるかもしれないが，それは直感に因る推測であって，解析学的には明らかではない．

「近代解析学の父」は，"(★)を証明した"，と思った．しかし，その証明はある解析学的概念の認識不足のために不備であったことが，その半世紀後の 1870 年頃に判明した．(★)の証明は，

実は，コーシーの時点では無理であった，いや，その後のリーマンですら，無理であったのである．というのは，まだ，「**連続**」の概念が基礎的に掘り下げられていなかったからである．この件については，**第3章**で概説することに致そう．ともかくも，リーマンは，コーシーの著書にある定積分について考え始めた．★そのものは正しいようである．しかし，フーリエ級数ではある種の不連続関数も積分される，ということで，リーマンは，$f(x)$を閉区間$[a, b]$で有界な関数として，コーシーの積分概念の拡張を試みたのである．

ここでは，コーシーとリーマンの考え方にダルブー流の方法を若干折衷して，**リーマン積分**の定義を示すことにする：

$f(x)$を$[a, b]$で有界な関数とする．(この際，$[a, b]$での$f(x)$の不連続点が1個，2個，3個，…と，有限個あってもよいが，それらは積分に影響しない．)

まず，区間$[a, b]$を，どのようにでもよいから，n分割することを$\varDelta$で表す：

$$\varDelta : a = x_0 < x_1 < \cdots\cdots < x_n = b.$$

そして$I_1 = [x_0, x_1)$, $I_2 = [x_1, x_2)$, $\cdots$, $I_n = [x_{n-1}, x_n]$とすれば，各小区間I_k ($1 \leq k \leq n$) において$f(x)$は下限（粗略的には最小値）m_k，上限（粗略的には最大値）M_kをもつ（――実は，これは解析学的に自明なことではないが，リーマンの頃では証明は無理である）．

つぎに，$x_k - x_{k-1} = |I_k|$と表し，そして

$$\underline{S}(\varDelta) = \sum_{k=1}^{n} m_k |I_k|,$$

$$\overline{S}(\varDelta) = \sum_{k=1}^{n} M_k |I_k|$$

を定めれば，不等式

$$\underline{S}(\varDelta) \leq \sum_{k=1}^{n} f(t_k)|I_k| \leq \overline{S}(\varDelta)$$

(t_k は，$x_{k-1} \leq t_k < x_k$ なる任意の実数)

が成り立つ．

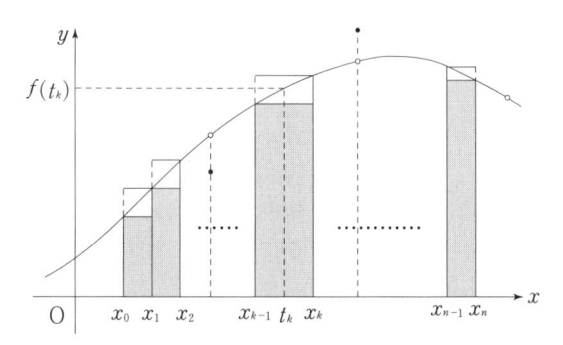

この図では，$f(x_0) = m_1$, $\lim_{x \to x_1-0} f(x) = M_1$, $f(x_1) = m_2$, $\lim_{x \to x_2-0} f(x) = M_2$, …になる．

「有限個とはいえ，不連続点での関数値があるのに，分割 $\varDelta$ を勝手にとってよいのか？」，という（鋭い）秀才氏には，後に積分区間に関する加法性によって正当化される，と添えておこう．

図 B・3 − 1

そこで $|I_k|$ $(1 \leq k \leq n)$ のうちで最大のものを A として $A \to 0$ の極限にもってゆくと，その過程で分割は一斉に細かくなって $\underline{S}(\varDelta)$ は単調増加し，$\overline{S}(\varDelta)$ は単調減少し，しかもどちらも有界であるため，それぞれ極限値 α, β $(\alpha \leq \beta)$ をもつ（——これも解析学的に自明なことではない）．そしてもし $\alpha = \beta$ ならば，$\sum_{k=1}^{n} f(t_k)|I_k|$ の値も，t_k によらず，同じ値に近づくことが結論される．そこで $\alpha = I = \beta$ として

$$I = \int_a^b f(x)\,dx \qquad (\text{B·3}-1)$$

と定めるわけである．これが，ダルブー流儀を若干踏まえた**定積分**の定義である．(リーマンは，区間を [0, 1] として論じた由であるが.)

上述の $\sum_{k=1}^{n} f(t_k)|I_k|$ は後に**リーマン和**と，そして $I = \int_a^b f(x)\,dx$ は，後の「ルベーグ積分」というものに対比させて，敢えて**リーマン積分**といわれるようになった．(尚，既述のコーシー和の概念は，当然，リーマン和の概念に含まれる.)
こうして区分求積的概念が「定積分」として定義されたわけである．なお，上述の説明における t_k によらず $\sum_{k=1}^{n} f(t_k)|I_k|$ の極限値が定まることが判明した以上，

$$|I_k| = \frac{b-a}{n}$$

として

$$\lim_{n \to \infty} \frac{b-a}{n} \sum_{k=1}^{n} f\left(a + \frac{b-a}{n}k\right) = I = \int_a^b f(x)\,dx$$

と定義することもできる．このように定積分と結ばれる $\sum_{k=1}^{n} f(a+(b-a)k/n)$ はコーシー和の例である．
そしてこの方法が，高校数学に現れる有名な**区分求積法**である．

　高校数学における積分は，もちろん，(1変数) リーマン積分の初歩的例である．リーマン積分は計算だけなら大したことではないので，視覚的に扱える分は高校数学の枠内に納められるわけである．

しかし，**解析学の概念**としては，かなり難しくて，御覧いただいたように，コーシーやリーマンですら，完璧に論ずることはできなかった程のものである．これは，解析学がコーシーやリーマンの時点に到っても，まだまだ整備されていなかったからである．きちんと整備されるようになったのは，ワイエルシュトラース以後のことである．

数学史を通して「数学」を見れば，錚々たる天才達とて，（解明されるまでは，）結構，不備なことや誤ったことをしてきていることがわかる．尤も，このような研究でなくとも，そしてどんなに優れた人間とて，過ないし誤りは付き纏うものであるが．数学専門書とてそうである．相当の権威でありながらも，筆記ミスならぬ考え方の誤りをやっているのも，稀に見られる．しかし，これは，ある程度までは仕方のないことである．また，分厚い本ほど，著者のミスに加えて誤植も確率統計的に増える，これも仕方のないことである．こういうことは，自分の著書を出版して初めて切実にわかる．せめて計算ミスぐらいでも，ミスをしたとき，「君，きみ，そこで計算ミスをしたよ」，と数学そのものが指摘してくれるなら，どんなに助かることか．数学の問題を解く際でもそうだが，どれ程の数学者とて，あくせく解いて初めの方で勘違いや計算ミスをすれば，その後は壊滅状態に等しくなる．それを見るや，"あの先生よりも自分の方が解ける（——故に自分の方が優秀だ）"，などというのは往々に見聞されるものだが，本著の若い読者には，そのようなことでの軽挙な思い上がりはもっていただきたくないものである．

C 楕円関数論とリーマン

C・1 楕円積分

これから述べることは,ある種の曲線の長さに関することである.

(r, θ) を極座標として $F(r, \theta)=0$ の形で定義される方程式を**極方程式**という.そのうちで,まず,**正葉線**といわれる曲線を表す方程式

$$r = a \cos n\theta \tag{C・1-1}$$

(a は定数,n は有理数)

を採り挙げる.(元来,「正葉線」とは $r = a \sin n\theta$ の曲線であるから,上述のそれは"余葉線"とでもいうべきかもしれないが.)

$n=1$ のときで $r = a\cos\theta$ ($a>0$, $0 \leq \theta < \pi$) は**円**を表す.実際,xy 直角座標を $x = r\cos\theta$, $y = r\sin\theta$ と極座標表示すること ($r \geq 0$ は常識,と決めつけないこと) で,$r = \pm\sqrt{x^2+y^2}$ となるから,直ちに代数方程式として

$$\left(x-\frac{a}{2}\right)^2 + y^2 = \left(\frac{a}{2}\right)^2$$

が得られる.

$n=2$ のときで,$r = a\cos 2\theta$ ($a>0$, $0 \leq \theta < 2\pi$) は**四ツ葉型の連珠形**あるいは**レムニスケート (lemniscate)** といわれる曲線を表す.概形図を描いてみる.いま,a は煩わしいだけであるから,$a=1$ とする.曲線は始線 $\theta=0$ (x 軸)と原点 O に関して対称であるから,$0 \leq \theta \leq \pi/4$ での曲線を適当に折り返してゆけばよい.

$$r = \cos 2\theta \quad \left(0 \leq \theta \leq \frac{\pi}{4}\right)$$

に対して
$$\frac{dr}{d\theta} = r' = -2\sin 2\theta.$$

θ	0		$\frac{\pi}{4}$
r'	0	$-$	0
r	1	↘	0

よって以下の**図C・1－1**が得られる.

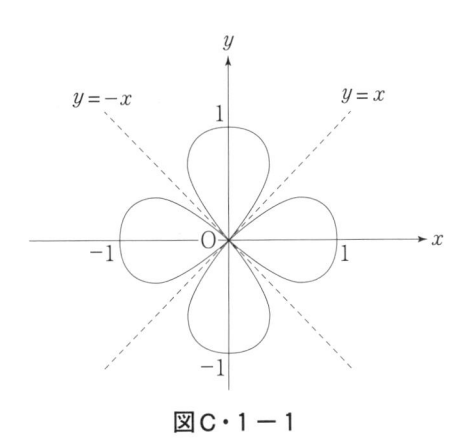

図C・1－1

$n = 3$ 以上のときは省略.

このような曲線で囲まれる面積,それなら,高校数学で簡単に求められる.この連珠形の場合でのそれを S として
$$\begin{aligned}S &= 4\int_0^{\pi/4} \frac{1}{2}r^2 d\theta \\ &= \int_0^{\pi/4}(1+\cos 4\theta)\,d\theta = \frac{1}{4}.\end{aligned}$$

では,四ツ葉型連珠形の弧の長さ ℓ はいかがであろうか.これは簡単ではない.**第1基本形式 (11－5)″**を平面上で用い

ればよい．そうすると，
$$\ell = 8\int_0^{\pi/4} \sqrt{1+3(\sin 2\theta)^2}\, d\theta \qquad \text{(C・1-2)}$$
に到る．これは，$t = \sqrt{3}\,\sin 2\theta$ と置くことで
$$\ell = 4\int_0^{\sqrt{3}} \sqrt{\frac{1+t^2}{3-t^2}}\, dt \qquad \text{(C・1-2)}'$$
とも表される．この積分（広義積分）を計算すればよいのだが，高校数学の枠内では無理である．これは，このままでお預け．

ところで，四ツ葉型連珠形を xy 直角座標で表すことはやっていないので，ここでそれを導いておく．

$x = r\cos\theta,\ y = r\sin\theta$ としてその極方程式に代入すると，
$$(x^2+y^2)^2 = 2x^2 - \sqrt{x^2+y^2}$$
となる．無理式 $\sqrt{x^2+y^2}$ が付きまとうので，これは，扱いづらい．

そこで，元の極方程式を
$$r^2 = \cos 2\theta$$
$$\left(a>0,\ -\frac{\pi}{4} \leqq \theta < \frac{\pi}{4},\ \frac{3}{4}\pi \leqq \theta \leqq \frac{5}{4}\pi\right)$$
と改めることにする．これは，表面的には，r を r^2 に変えただけである．しかし，たったこれだけで，今度は，**図C・1-2**のように**二ツ葉型連珠形**——ふつう，これを「**連珠形**」といっている——になる：

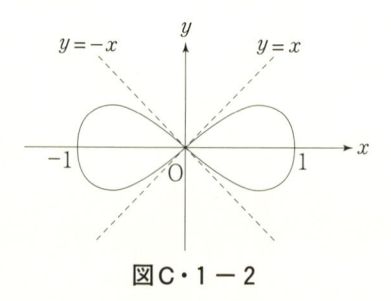

図C・1-2

これを xy 座標で表すと，
$$(x^2+y^2)^2 = x^2 - y^2$$
となって，4次式にはなるが，この方が見やすいであろう．この場合，曲線の長さは，今度は，それを記号 ℓ_L で表すとして
$$\ell_L = 4\int_0^{\pi/4} \frac{1}{\sqrt{\cos 2\theta}}\, d\theta \qquad (\text{C}\cdot 1-3)$$
となる．式(C・1－2)よりはこちらの方が扱いやすいようである．これは，$t = \sqrt{\cos 2\theta}$ と置くことで
$$\ell_L = 4\int_0^1 \frac{1}{\sqrt{1-t^4}}\, dt \qquad (\text{C}\cdot 1-3)'$$
とも表される．綺麗な式ではあるが，これとて高校数学では無理である．とりあえず，これも，このままでお預け．

一般に閉じた2次曲線（楕円）や閉じた4次曲線（連珠形）等は弧長が綺麗な積分形で表される．そこで，まずは，楕円の全弧長を導くことにする．xy 座標平面における楕円の方程式は
$$\frac{x^2}{a^2} + \frac{y^2}{b^2} = 1 \quad (0 < b < a)$$
で表し得るから，その全弧長は，それを ℓ_E で表すとして
$$\begin{cases} \ell_E = 4a \int_0^1 \sqrt{\dfrac{1-(ex)^2}{1-x^2}}\, dx, \\ e = \dfrac{\sqrt{a^2-b^2}}{a} \quad (\text{離心率}) \end{cases} \qquad (\text{C}\cdot 1-4)$$
となる．e の範囲は明らかに $0 \leq e < 1$ である．式(C・1－2)′と見比べてみよ．どことなく似ているであろう．ℓ_E を表す式で $e = 0$，すなわち，円の場合は，
$$\ell_E = 4a \int_0^1 \frac{1}{\sqrt{1-x^2}}\, dx$$
となる．これは $x = \sin\phi$ と置けば，（次のような広義積分によ

って）

$$\ell_E = 4a \lim_{a \to \frac{\pi}{2}} \int_0^a d\phi = 2\pi a$$

と簡単に求まる．しかし，$0 < e < 1$ では，そう生やさしくはない．とりあえず，

$$E(e) = \int_0^1 \sqrt{\frac{1-(ex)^2}{1-x^2}} dx$$

と表して定積分の部分だけを取り出しておく．"$E(e)$" という記号は，「楕円」の英単語が Ellipse だからである．
この式において $x = \cos\phi$（あるいは $\sin\phi$ でもよい）とおけば，

$$E_2(k) = \int_0^{\pi/2} \sqrt{1-(k\cos\phi)^2} d\phi \qquad (\text{C} \cdot 1 - 5)$$

となる．後の都合のため，"e" は "k" に改めた．この積分を以て**第2種完全楕円積分**という．この意味で添数 "2" を付した．

この名称からすれば，**第1種楕円積分**というものがあって然るべきである．これについて述べておこう．高校物理程度の素養が要るが，それに通じていない人は，読みとばしていただいても，後のための支障はない．

いま，図 C・1−3 のように，長さが ℓ で質量の無視できる糸につながれた質量 m の単振子があるとする．時刻 $t = 0$ の時，単振子は鉛直線から角 ϕ_0 の所にあって速度は 0，時刻 t の時は，角 ϕ の所にあって速度は v とする．

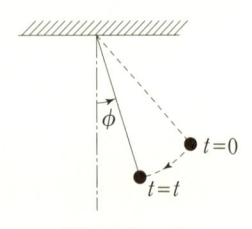

図 C・1−3

重力加速度の大きさを g として力学的エネルギー保存の法則

を立式すると，
$$mg\ell(1-\cos\phi_0) = \frac{1}{2}mv^2 + mg\ell(1-\cos\phi)$$
となる．$v = \ell(d\phi/dt)$ であるから，これより上式は，
$$\frac{d\phi}{dt} = \pm\sqrt{\frac{2g}{\ell}(\cos\phi - \cos\phi_0)}$$
と表される．すなわち，
$$\int_{\phi_0}^{\phi} \frac{1}{\sqrt{2(\cos\phi - \cos\phi_0)}} d\phi = \pm\sqrt{\frac{g}{\ell}} t$$
$$(\phi \leq |\phi_0|)$$
となる．この左辺では，被積分関数にある記号 ϕ は積分変数であって，$\int_0^\phi$ の ϕ とは意味が異なる．しかし，別の記号を用いるとゴチャゴチャしてくるので，今は，こうして表すことにする．ここで
$$\cos\phi - \cos\phi_0 = -2\left(\sin\frac{\phi}{2}\right)^2 + 2\left(\sin\frac{\phi_0}{2}\right)^2$$
を用いて上の積分（I とする）を表すと，
$$I = \int_{\phi_0}^{\phi} \frac{1}{2\sqrt{\left(\sin\frac{\phi_0}{2}\right)^2 - \left(\sin\frac{\phi}{2}\right)^2}} d\phi$$
$$= \int_{\phi_0}^{\phi} \frac{1}{2\sin\frac{\phi_0}{2}\sqrt{1-\left(\sin\frac{\phi}{2}\bigg/\sin\frac{\phi_0}{2}\right)^2}} d\phi.$$
ここで
$$\sin\frac{\phi}{2}\bigg/\sin\frac{\phi_0}{2} = \cos\theta$$
と置けるので，
$$I = -\int_0^\theta \frac{1}{\sqrt{1-(k\cos\theta)^2}} d\theta$$

$$\left(k = \sin\frac{\phi_0}{2}\right)$$

と表せる.

そこで
$$E_1(0,\ k) = \int_0^\theta \frac{1}{\sqrt{1-(k\cos\phi)^2}}\,d\phi \qquad (\text{C}\cdot 1-6)$$
$$(0 \leqq k < 1)$$

と表して**第1種楕円積分**というのである．この式の右辺における "ϕ" は，**式（C・1－6）**より前の ϕ とは別ものである．**式（C・1－5）**との比較のために記号を改めたのである．そして $\theta = \pi/2$ のときを**第1種完全楕円積分**という．

上述の名称に因んで，
$$E_2(0,\ k) = \int_0^\theta \sqrt{1-(k\cos\phi)^2}\,d\phi \qquad (\text{C}\cdot 1-7)$$
$$(0 \leqq k < 1)$$

を**第2種楕円積分**という．そして $\theta = \pi/2$ のときが既述の**第2種完全楕円積分**であって $E_2(\pi/2,\ k) = E_2(k)$．この記号を用いると，楕円の周長は
$$\ell_E = 4aE_2\left(\frac{\pi}{2},\ k\right)$$

となる．実際に $E_2(\pi/2,\ k)$ を求めると，次のようになる：
$$\begin{aligned}E_2\left(\frac{\pi}{2},\ k\right) &= \frac{\pi}{2} - \frac{\pi}{8}k^2 \\ &\quad - \frac{\pi}{2}\sum_{n=2}^\infty \frac{(2n-3)!!(2n-1)!!}{\{(2n)!!\}^2}k^{2n} \\ &= \frac{\pi}{2}\left[1 - \sum_{n=1}^\infty \left\{\frac{(2n-1)!!}{(2n)!!}\right\}^2 \frac{k^{2n}}{2n-1}\right].\end{aligned}$$

ここに

$$(2n)!! = (2n)(2n-2)\cdots\cdots 2,$$
$$(2n-1)!! = (2n-1)(2n-3)\cdots\cdots 1.$$

たかが「楕円の周長」とはいえ，この結果は，結構．凄(すさ)まじいであろう．

式(C・1－6)は，$\cos\phi = t$（この t は時刻を表すものではない）とおけば，
$$E_1 = \pm\int_{\cos\theta}^{1} \frac{1}{\sqrt{(1-k^2t^2)(1-t^2)}}\, dt$$
と表される．（複号 "±" は ϕ のとる範囲で決まる．）

式(C・1－7)は，$\cos\phi = t$ とおけば，
$$E_2 = \pm\int_{\cos\theta}^{1} \sqrt{\frac{1-k^2t^2}{1-t^2}}\, dt$$
と表される．（複号 "±" は ϕ のとる範囲で決まる．）

複号が煩わしいので，簡単のため，$0 \leq \theta \leq \pi$ とする．そうすれば，上2式はそれぞれ

$$E_1 = \int_{\cos\theta}^{1} \frac{1}{\sqrt{(1-k^2t^2)(1-t^2)}}\, dt \qquad (\text{C・1－6})'$$

$$E_2 = \int_{\cos\theta}^{1} \sqrt{\frac{1-k^2t^2}{1-t^2}}\, dt \qquad (\text{C・1－7})'$$

となる．このとき，$k = 0$ であれば，
$$E_1 = E_2 = \int_{\cos\theta}^{1} \frac{1}{\sqrt{1-t^2}}\, dt$$
となるが，**式(C・1－6)**あるいは**(C・1－7)**からわかるように，この値は θ である：
$$\theta = \int_{\cos\theta}^{1} \frac{1}{\sqrt{1-t^2}}\, dt \quad (0 < \theta < \pi).$$

$x = \cos\theta$ とおけば，これは

$$\cos^{-1} x = \int_x^1 \frac{1}{\sqrt{1-t^2}}\, dt \qquad (\text{C}\cdot 1-8)$$

$(|x| \leq 1,\ 0 \leq \cos^{-1} x \leq \pi)$

となる．$\cos^{-1} x$ は $\cos x$ の**逆関数**である．因みに $\sin x$ の**逆関数** $\sin^{-1} x$ は

$$\sin^{-1} x = \int_0^x \frac{1}{\sqrt{1-t^2}}\, dt \qquad (\text{C}\cdot 1-9)$$

$\left(|x| \leq 1,\ -\dfrac{\pi}{2} \leq \sin^{-1} x \leq \dfrac{\pi}{2}\right)$

で表される．だから，

$$\begin{aligned}\sin^{-1} x + \cos^{-1} x &= \int_0^1 \frac{1}{\sqrt{1-t^2}}\, dt \\ &= \frac{\pi}{2}\end{aligned}$$

という等式が成り立つ．

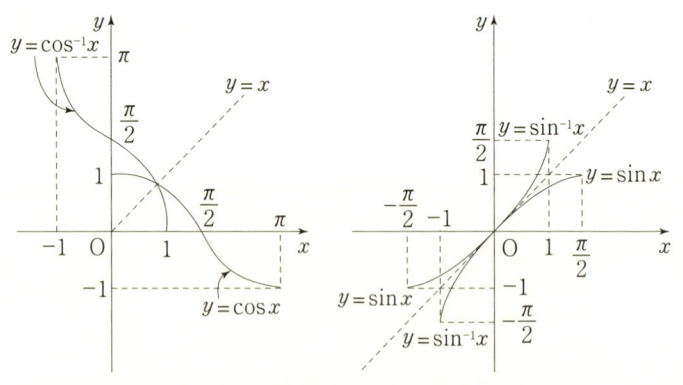

図C・1－4

このようにして，元々の**式（C・1－6）′**や**（C・1－7）′**も x で表す．ただし，これから，見やすさのため，積分は $\int_0^x$

の方で表すことにして，関数を表す記号も以下のように改める：

第 1 種楕円積分

$$K(x, k) = \int_0^x \frac{1}{\sqrt{(1-k^2t^2)(1-t^2)}} dt \qquad \text{(C・1 －10)}$$

第 2 種楕円積分

$$E(x, k) = \int_0^x \sqrt{\frac{1-k^2t^2}{1-t^2}} dt. \qquad \text{(C・1 －11)}$$

こうして，**式（C・1 － 2）′** や **（C・1 － 3）′** と比べれば，平方根記号の中が<u>4 次式</u>である，という共通点が見られよう．$\sqrt{(1-k^2t^2)/(1-t^2)}$ のようなものは，$k \neq 0, 1$ のとき，平方根記号の中が 4 次式である．実際，

$$\sqrt{\frac{1-k^2t^2}{1-t^2}} = \frac{1-k^2t^2}{\sqrt{(1-k^2t^2)(1-t^2)}}$$

と表されるからである．

さらに，**第 3 種楕円積分**というものがある：

第 3 種楕円積分

$$F(x, k) = \int_0^x \frac{1}{(1+at^2)\sqrt{(1-k^2t^2)(1-t^2)}} dt \qquad \text{(C・1 －12)}$$

$\qquad$（a は定数）

いま，

$$\int_0^x \frac{1}{(1+at^2)^b \sqrt{(1-k^2t^2)(1-t^2)}} dt \qquad \text{(C・1 －13)}$$

と表せば，これより

$a = 0, b = 0$ のとき　　……**第 1 種**⎫
$a = -k, b = -1$ のとき　　……**第 2 種**⎬ **楕円積分**
$a = a(\neq 0, -k), b = +1$ のとき　……**第 3 種**⎭

とまとめることができる，と添えておこう．第 1 種から第 3 種

までを総称して**楕円積分の標準形**という.

R を有理関数として

$$\int R(t, \sqrt{P(t)})\,dt \qquad (C \cdot 1 - 14)$$

$P(t)$：3次または4次の多項式

の形で表される関数を一般に**楕円積分**という．一般の楕円積分は，楕円積分の標準形と有理関数の和で表される．これは，**ルジャンドル**(A. M. Legendre)というフランスの数学者によって判明されたことである．なお，$P(t)$ が5次以上の多項式のときは，**超楕円積分**といわれる．

式 (C・1 − 13) において，$P(t)$ として1次式や2次式を許すと，積分は初等関数で表されてしまう．**式 (C・1 − 8), (C・1 − 9)** はその例である．だから，一般に

$$\int \sqrt{\frac{at+b}{ct+d}}\,dt,$$
$$\int \frac{1}{\sqrt{at^2+bt+c}}\,dt \qquad (a \sim d \text{ は定数})$$

のような積分は初等的に解けるわけである．

楕円積分は，オイラー（達）によって1750年頃から研究され始め，その後，ルジャンドルを経てドイツの**ヤコビ**(C. G. Jacobi)そしてリーマンによって研究された．楕円積分の標準形にはリーマンによる変形版もあるが，リーマンによるこの系統の研究として優れているのは，これから述べる**楕円関数**，より一般に**代数関数**の方にある．

C・2　楕円関数

楕円積分を単に積分としてのみ見るなら，それは単なる計算

術の程度に止まって，数学的に殆ど稔りをもたらしはしない．
楕円関数論たるは，このように先を見通すことによって，生まれたものである．その先駆けは，やはり，ガウスであった．**C・1節**で御覧いただいたように，ガウスは，連珠形の長さ ℓ_L を求める際に，**楕円関数**に考え着いた．

しかし，それに考え着いていたのは，ガウスばかりではなく，**アーベル (N. H. Abel)** とヤコビも独立にその研究をしていたのである．ただ，アーベルやヤコビが研究していたのは，1820年代であって，二人ともまだ30歳にもならない頃ゆえ，年齢的に見てガウスが最も早かったのでは，と考えられるわけである．(ただし，ガウスは楕円関数論について生前には公表していなかったので，確定的なことはいえない．) 後二者のうち，アーベルは1829年に27歳にならずして亡くなっており，その2歳下のヤコビとて50歳にもならないうちに亡くなっている．ヤコビが逝った時，ガウスはまだ存命であり，その4年後の1855年に死を迎えている．

さて，では，ガウスは，どのように考えて楕円関数を見出したのか，ということについては，略述しておこう．ガウスは，

$$\sin^{-1} x = \int_0^x \frac{1}{\sqrt{1-t^2}}\, dt \qquad (\mathbf{C \cdot 2 - 1})$$

と

$$\varphi^{-1}(x) = \int_0^x \frac{1}{\sqrt{1-t^4}}\, dt \qquad (\mathbf{C \cdot 2 - 2})$$

との，ある意味での類似性に着眼したようである．この $\varphi^{-1}(x)$ は，**連珠形関数**というべきものだが，あまり語呂がよくないようで，**レムニスケート関数**とよばれることが多い．既に見たように，

$$4\int_0^1 \frac{1}{\sqrt{1-t^2}}\, dt = 2\pi$$

であるから，**式 (C・2 − 1)** より

$$x = \sin\left(\int_0^x \frac{1}{\sqrt{1-t^2}}\, dt\right)$$

$$= \sin\left(\int_0^x \frac{1}{\sqrt{1-t^2}}\, dt + 4\int_0^1 \frac{1}{\sqrt{1-t^2}}\, dt\right) \quad \text{(C・2 − 1)}'$$

が成り立つ．そうすると，**式 (C・2 − 2)** より

$$x = \varphi\left(\int_0^x \frac{1}{\sqrt{1-t^4}}\, dt\right)$$

$$= \varphi\left(\int_0^x \frac{1}{\sqrt{1-t^4}}\, dt + 4\int_0^1 \frac{1}{\sqrt{1-t^4}}\, dt\right) \quad \text{(C・2 − 2)}'$$

がきっと成り立つ，と予測されよう．

後の叙述からわかるように，これは正しい．

　さて，ここでは，**ヤコビの楕円関数**について説明致そう．

　いま，既に見た**式 (C・1 − 10)** を次の様に表す（k の範囲は，$0 < k < 1$ とする）：

$$x = \int_0^y \frac{1}{\sqrt{(1-k^2 t^2)(1-t^2)}}\, dt. \quad \text{(C・2 − 3)}$$

そして y を x の関数として表して

$$y = \operatorname{sn} x \quad \text{あるいは} \quad \operatorname{sn}(x\, ;\, k) \quad \text{(C・2 − 4)}$$

と表記する．このように表記するのは，$k \to 0$ の極限で $\operatorname{sn} x \to \sin x$ と移行することにあやかっているのである．そこで

$$\operatorname{cn} x = \sqrt{1 - (\operatorname{sn} x)^2}, \quad \operatorname{dn} x = \sqrt{1 - (k\operatorname{sn} x)^2} \quad \text{(C・2 − 5)}$$

という関数を定義し，これらを**ヤコビの楕円関数**という．**式 (C・2 − 5)** におけるこれらの関数の値は，$k \to 0$ の極限で $\operatorname{cn} x \to \cos x$, $\operatorname{dn} x \to 1$ と極限移行する．

ついでに
$$\operatorname{tn} x = \frac{\operatorname{sn} x}{\operatorname{cn} x} \qquad (\text{C}\cdot 2-6)$$
という関数も定義できて，$k \to 0$ で $\operatorname{tn} x \to \tan x$ と極限移行することを添えておく．

さて，**式 (C・2−3)** において $t = \sin\phi$ とおけば，その式は
$$x = \int_0^\theta \frac{1}{\sqrt{1-(k\sin\phi)^2}}\,d\phi \quad (y=\sin\theta) \qquad (\text{C}\cdot 2-7)$$
と表される．この θ を x の関数と見て
$$\theta = \operatorname{am} x \qquad (\text{C}\cdot 2-8)$$
と表せば，**式 (C・2−4)**，**(C・2−5)** 及び **(C・2−6)** より
$$\operatorname{sn} x = \sin(\operatorname{am} x),\ \ \operatorname{cn} x = \cos(\operatorname{am} x)$$
$$\tan x = \frac{\sin(\operatorname{am} x)}{\cos(\operatorname{am} x)} \qquad (\text{C}\cdot 2-9)$$
という x のみによる表式が得られる．**式 (C・2−8)** における "am" は**振幅関数**といわれる．その所以(ゆえん)は，θ が，既述の単振子の振幅に関連する媒介変数であることに因る．

以上に基づいて以下の諸式が容易に得られる：
$$\operatorname{sn} 0 = 0,\ \operatorname{cn} 0 = 1,\ \operatorname{dn} 0 = 1.$$
$$\operatorname{sn}(-x) = -\operatorname{sn} x,\ \operatorname{cn}(-x) = \operatorname{cn} x,$$
$$\operatorname{dn}(-x) = \operatorname{dn} x.$$
$$(\operatorname{sn} x)^2 + (\operatorname{cn} x)^2 = 1,\ (\operatorname{dn} x)^2 + (k\operatorname{sn} x)^2 = 1,$$
$$(\operatorname{dn} x)^2 - (k\operatorname{cn} x)^2 = 1-k^2.$$
これらからわかるように，$\operatorname{sn} x$ は奇関数，$\operatorname{cn} x$ と $\operatorname{dn} x$ は偶関数である．しかし，このようなこと以上に大切なことは，$\operatorname{sn} x$

が周期関数だということである．そのことを示そう：

いま，**式 (C・2－3)** で $y=1$ のとき，すなわち，**式 (C・2－7)** で $\theta=\pi/2$ のとき，(**式 (C・1－10)** よりわかるように，) x は $K(1, k)$ という値に等しい．これを $K_{(1)}$ と表すことにする．被積分関数 $1/\sqrt{1-(k\sin\phi)^2}$ は周期関数であるから，

$$\int_0^{\theta+2\pi} \frac{1}{\sqrt{1-(k\sin\phi)^2}} d\phi$$
$$=\left(\int_0^{\pi/2}+\int_{\pi/2}^{\pi}+\int_{\pi}^{3\pi/2}+\int_{3\pi/2}^{2\pi}+\int_{2\pi}^{\theta+2\pi}\right)\frac{1}{\sqrt{1-(k\sin\phi)^2}} d\phi$$
$$=4\int_0^{\pi/2} \frac{1}{\sqrt{1-(k\sin\phi)^2}} d\phi + \int_0^{\theta} \frac{1}{\sqrt{1-(k\sin\phi)^2}} d\phi$$
$$=4K_{(1)}+x$$

となる．従って**式 (C・2－8)** と **(C・2－9)** より

$$\operatorname{sn}(x+4K_{(1)})=\sin(\theta+2\pi)=\sin\theta.$$

そして $y=\sin\theta=\operatorname{sn} x$ より

$$\operatorname{sn}(x+4K_{(1)})=\operatorname{sn} x \qquad (\text{C・2－10})$$

ということで，$\operatorname{sn} x$ は基本周期 $4K_{(1)}$ の周期関数であることが示された．

当然，$\operatorname{cn} x$ も $\operatorname{dn} x$ も同じ基本周期をもつ周期関数になる．

$K_{(1)}$ そのものの値は，複雑でも，$\operatorname{sn} K_{(1)}$，$\operatorname{cn} K_{(1)}$ 及び $\operatorname{dn} K_{(1)}$ の値は簡潔である：

$$\operatorname{sn} K_{(1)}=\sin\frac{\pi}{2}=1, \;\; \operatorname{cn} K_{(1)}=0,$$
$$\operatorname{dn} K_{(1)}=\sqrt{1-k^2}.$$

ヤコビの楕円関数は，実関数に限定してもまだまだ多くの性質を有しているが，それらは，今の趣旨には沿わないので，これ位にしておこう．

さて、**第2章のA・1節**で述べたように、代数方程式を解く際、「実数の世界」だけにこだわると、見通しよく展開できないことをガウスは悟っていた.

これと同様のことが楕円関数の場合でもいえるのである. 詳述の暇は無いことと程度が一挙に高くなることから、これについては概略を述べゆくことにする：まず、ヤコビの楕円関数を複素領域に拡張する. すなわち、**式（C・2−3）**を、以下の様に、z, w を複素数として

$$z = \int_0^w \frac{1}{\sqrt{(1-k^2\zeta^2)(1-\zeta^2)}} d\zeta \qquad (\text{C}\cdot 2-11)$$

と表すのである. この右辺は、これまで述べていない**複素積分**であって、一般にそれが収束する範囲内で意味をもつ. これから得られる複素関数

$$w = \mathrm{sn}\, z \qquad (\text{C}\cdot 2-12)$$

が複素領域における**ヤコビの楕円関数**である. ふつう、「**楕円関数**」といえば、この意味でのものである.

$w = \mathrm{sn}\, z$ は、もちろん、**C・2節**での $4K_{(1)} = 4K(1, k)$ を基本周期にもつが、今度は、複素領域に入っているため、もう一つの基本周期をもつ. いま、

$$K_{(2)} = \int_1^{1/k} \frac{1}{\sqrt{(1-k^2 t^2)(1-t^2)}} dt \quad (0 < k < 1)$$

と表したとき、$i\,2K_{(2)}$ が $\mathrm{sn}\, z$ の基本周期になるのである. すなわち、

$$\mathrm{sn}\,(z + 4K_{(1)}) = \mathrm{sn}\,(z + i\,2K_{(2)})$$
$$= \mathrm{sn}\, z \qquad (\text{C}\cdot 2-13)$$

ということである.

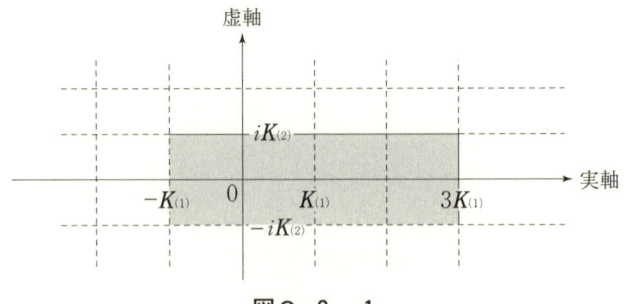

図C・2−1

こういう性質をもつ $\operatorname{sn} z$ は**2重周期関数**といわれる．（この二つの基本周期の比は実数にはならない．）もちろん，これらの基本周期を整数倍して足し合わせたものは $\operatorname{sn} z$ の周期になる．

さて，$k \to 0$ の極限では $\operatorname{sn} z \to \sin z$，と極限移行する．本著では $\sin z$ については説明してきているが，実は，$\sin z$ は $e^{iz} = \cos z + i \sin z$，$e^{-iz} = \cos z - i \sin z$ から定義されて

$$\sin z = \frac{e^{iz} - e^{-iz}}{2i}$$

と表されるものである．$\sin z$ はガウス平面全体で正則，つまり，整関数といわれるものである．参考のために記すと，$\sin z$ は，整級数で表されるが，これは，また，

$$\sin z = z \prod_{n=1}^{\infty}\left(1-\left(\frac{z}{n\pi}\right)^2\right)$$
$$= z\left(1-\left(\frac{z}{\pi}\right)^2\right)\left(1-\left(\frac{z}{2\pi}\right)^2\right)\cdots\cdots$$

という**無限乗積**（無限因数分解）の形でも表される．

しかし，$k \to 0$ で極限移行する前の $\operatorname{sn} z$ は整関数ではなく，（ガウス平面上で極を有する）有理型関数である．（それゆえ $\operatorname{sn} z$ は，**テータ関数**といわれる整関数の比で表される．）

多くの, ごくふつうの有理型関数は, 既述のように, リーマン球面上の関数として構成されるが, しかし, $\operatorname{sn} z$ は, 2重周期をもつ関数であるため, リーマン球面上ではなく, (複素1次元)**トーラス (torus)** 上, すなわち, 穴が一つのドーナッツ上の有理型関数として構成されるのである. このトーラスは, きちんというと, **種数1の閉リーマン面**というものである(図C・2-2).

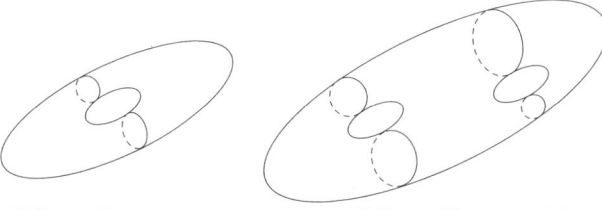

種数1の閉リーマン面　　　種数2の閉リーマン面

一般に種数 p (これは代数関数の分岐点に依存する)の閉リーマン面には p 個の穴がある. しかし, $p=1$ のものは, $p \geqq 2$ のものとは, 特性が特異的である.

図C・2-2

さて, ヤコビの楕円関数をより一般に

$$z = \int_0^w \frac{1}{\sqrt{P(\zeta)}} d\zeta \qquad (\text{C}\cdot 2-14)$$

($P(\zeta)$ は5次以上)

として, **超楕円関数**まで論及する, というのは自然な成り行きである. ヤコビは, このような一般形を「**アーベル積分**」と名付けたが, この一般論を攻略することはできなかった. それは, ヤコビの時代では, 「複素関数論」そのものが, あまりにも未熟だったからである. コーシーの複素積分に関する論文が1825

年〜1851年に発表されてはいるが,複素数は,まだ,大概,計算便宜上の数としてしか思われていない時代であった.ガウスが自らの楕円関数論の公表を控えていたのは,このような時代背景であったことも影響している.ただし,このような時代でも,アーベルは,ヤコビとは独立に,楕円関数が2重周期関数であることを発表している (1827年).かくして,ヤコビの夢,すなわち,**アーベル関数論の展開**を現実化させたのが,関数論の第2創始者たるリーマンであった (1857年).リーマンは,

代数関数は閉リーマン面上の関数である

として分類し,中核を捉えたのである.これによって,楕円関数は,すぐ前に述べた種数1の閉リーマン面上の関数という,一例に過ぎなくなった.かくして複素数の大威力をまざまざと見せつけられた当時の数学者達は,今更のごとく,複素数を「数覚的実在の数」と認めざるを得なくなったわけである.

ところで,楕円関数論のもう1人の功労者にはワイエルシュトラースがいる.ワイエルシュトラースは,第1種楕円積分を

$$z = \int_\infty^w \frac{1}{\sqrt{4\zeta^3 - a\zeta - b}}\, d\zeta \quad (b \neq 0) \qquad (\text{C·2}-15)$$

と表し,これから得られるzの関数を$\mathfrak{p}(z)$と表記した.これは後に,**ワイエルシュトラースのペー関数**といわれるようになったものである.**式 (C·2-15)** の右辺における平方根記号の中が3次式になっていて奇妙に思われるかもしれないが,これは,変数変換の差異によるものであって,本質的には,ヤコビの第1種楕円積分と同じものである.しかし,このことは,つまらないことではなく,楕円関数論の一般論を見通しよくし,また,後の数学にも大きな影響を与えることになるのである.

元に戻ってペー関数であるが,これは,二つの基本周期を

$2\omega_1$, $2\omega_2$ ($\omega_1/\omega_2 \neq$ 実数) とし, ω_1 と ω_2 の整数係数 1 次結合を ω としたとき, すなわち, $\omega = n_1\omega_1 + n_2\omega_2$ (n_1, n_2 は整数) としたとき,

$$\mathfrak{p}(z) = \frac{1}{z^2} + \sum_{(n_1, n_2) \neq (0, 0)} \left[\frac{1}{(z-\omega)^2} - \frac{1}{\omega^2} \right]$$

と具体的に表される (ことが示される). そして<u>全ての楕円関数は, $\mathfrak{p}(z)$ で表される</u>, ということで, ワイエルシュトラースの楕円関数論は最も基本的な理論, というわけである.

こうして "19 世紀の数学の華(はな)" といわれる楕円関数論はワイエルシュトラースの研究によって, 完成の域に達した.

なお優れたことに, ワイエルシュトラースは, さらにアーベル関数論をも攻略している. それゆえリーマンとワイエルシュトラースは「**アーベル関数論の双璧**」というべき存在であったのである.

D 素数論とリーマン

D・1 素数分布問題と素数定理

素数の分布問題は, 非常に素朴でありながら, 解明至難の超難題の一つである.

この件についての歴史は古く, ユークリッド以前から論議されてきている. 問題は,

(*)「素数列には規則性があるのか否か」

ということで, ちょっとした中学生にもその意味はわかるのであるが, その解決となれば, 数学史上のいかなる天才も太刀打ちできていない. 答えは「規則性はある；ない」のどちらか一

つに決まっているのだが.「数学は答えが一つに割り切れる(単純な)もの」,と仄めかす人が往々に見られるが,そういう人は,未解決問題の一つでもスラスラと解いて見せてから,そう言うべきであろうに.数学における「答えが一つ」,というのは,「詭弁の余地は無い」ということで,それこそ「数学」という学問の**誇り**といえるだろう.

さて,古来,素数論は,上述の**問題**(*)を解決することを最終目的としているのだが,それは,余りにも難し過ぎるので,とりあえずは,

(I)「素数は有限個存在するのかそれとも無限個か」

という問題の攻略からその歴史は始まっている.それは『ユークリッド原本』の中で既に紹介されている.答えは「無限個存在する」,である.このことを示しておこう:

自然数全体の中で素数は有限個(最大 n 個)存在するとして,それらを小さいものから順に $p_1(=2)$, $p_2(=3)$, $\cdots$, p_n とする.このとき,

$$N = p_1 p_2 \cdots\cdots p_n + 1$$

という整数が考えられるが,これは,p_1, p_2, $\cdots$, p_n のいずれの素数でも割り切れないので,N は素数ということになる.しかし,この結論は仮定に反する.(この背理法によって素数は無限個存在することがわかった.)

その上で,素数については初等的でおもしろい性質が知られている.それは,小さい方から n 番目の素数を,既述のように,p_n としたとき,

$$N = p_1 p_2 \cdots p_n + 1 \geqq p_{n+1}$$

が成り立つ,ということである.証明は易しい.この式の左辺は,p_1, p_2, $\cdots$, p_n のどれでも割り切れないから,N を割り

切る素数は必ず p_{n+1} 以上の素数でなくてはならない．これだけのことである．

　しかし，ユークリッドの時代より，しばらく，素数分布問題についてはさしたる解明は無かった．ようやく，それについて挑戦し始めたのはオイラーであって，1730 年代のこと．オイラーは，問題(I)を，別の視点によって，次の様に証明した：それは，自然数 n の逆数から成る無限級数を考える，というのである．すなわち，

$$\sum_{n=1}^{\infty}\frac{1}{n} = 1+\frac{1}{2}+\frac{1}{3}+\frac{1}{4}+\frac{1}{5}+\frac{1}{6}+\frac{1}{7}+\frac{1}{8}+\frac{1}{9}+\frac{1}{10}+\cdots$$

ということである．さらに上式に続けて

$$= 1+\frac{1}{2}+\frac{1}{3}+\frac{1}{2^2}+\frac{1}{5}+\frac{1}{2\cdot 3}+\frac{1}{7}+\frac{1}{2^3}+\frac{1}{3^2}+\frac{1}{2\cdot 5}+\cdots$$

$$= \left(1+\frac{1}{2}+\frac{1}{2^2}+\frac{1}{2^3}+\cdots\right)\left(1+\frac{1}{3}+\frac{1}{3^2}+\cdots\right)\cdots$$

$$\cdots\cdots\left(1+\frac{1}{p}+\frac{1}{p^2}+\cdots\right)\cdots\cdots$$

と変形した．(初等的とはいえ，こういう捉え方をするその直観力は大したもので，並の頭脳ではないことをまざまざと示している．)

この式の右辺は，各素数の逆数に関する無限等比級数間の有限または無限乗積である．すなわち，

$$\sum_{n=1}^{\infty}\frac{1}{n} = \left(\frac{1}{1-\frac{1}{2}}\right)\left(\frac{1}{1-\frac{1}{3}}\right)\cdots\cdots\left(\frac{1}{1-\frac{1}{p}}\right)\cdots\cdots$$

$$= \prod_{p}\left(1-\frac{1}{p}\right)^{-1} \tag{D・1－1}$$

と表される．ところが，この式の左辺は ∞ に発散する．従っ

て右辺の p の個数も無限個でなくてはならない，という訳である．（これは 1737 年のこと．)

さすがである．当時の並の数学者なら，既に，「$\sum_{n=1}^{\infty} 1/n = \infty$，ということで意味無し」と判断（＝速断）して，発散式の中に合理性を見出そうとはしなかったであろう．

それはそうであるが，しかし，始めから発散式を扱う，というのには，少なからず，数学的に抵抗があろう．オイラーもそう考えたようである．そこで，「しからば」，ということで，オイラーは，s を $s > 1$ なる整数として

$$\sum_{n=1}^{\infty} \frac{1}{n^s} = 1 + \frac{1}{2^s} + \frac{1}{3^s} + \cdots\cdots$$

という級数を考えた．これは，収束する．簡単であるから，そのことを図的に示しておこう：$y = 1/x^s$ の

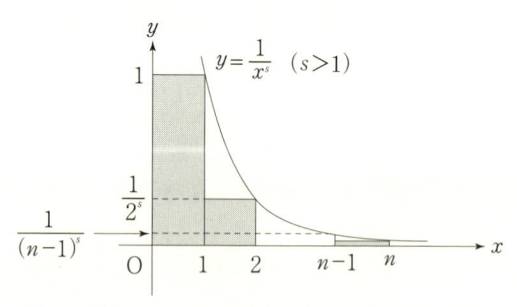

x 軸と y 軸のスケールが違うように見えるが，これは，図の見やすさのための犠牲である．

図 D・1－1

グラフに対して $x = n$ までの値を n 等分割する（**図 D・1－1**）．そうすると，次のように面積の大小比較ができる：

$$\text{短柵の面積の和} = \sum_{k=1}^{n} 1 \cdot \frac{1}{k^s} < 1 + \int_{1}^{n} \frac{1}{x^s} dx$$

$$= 1 + \frac{1}{1-s}[x^{1-s}]_1^n$$
$$= 1 + \frac{1}{1-s}\left(\frac{1}{n^{s-1}} - 1\right).$$

そこで左右辺の n を $n \to \infty$ とすれば,
$$右辺 \to 1 - \frac{1}{1-s} = \frac{s}{s-1} (>0).$$
となるから,
$$\sum_{n=1}^{\infty} \frac{1}{n^s} \leq \frac{s}{s-1} \quad (s>1)$$
となって O.K.

そしてオイラーは, $s>1$ のとき $\sum_{n=1}^{\infty} 1/n^s$ は
$$\sum_{n=1}^{\infty} \frac{1}{n^s} = \prod_{p(素数)=2}^{\infty} \left(1 - \frac{1}{p^s}\right)^{-1} \qquad (\mathsf{D \cdot 1 - 2})$$
という**無限乗積**で表されることを示した.(これは後に**オイラー積**といわれるようになった.)こうしておいてから $s \to 1$ と極限移行すれば, **式(D・1-1)**は正当視される.

その後, オイラーは, **式(D・1-2)**の値を, どんな整数 s に対してでもよいとした. 後に, リーマンによって, この式は $\zeta(s)$ と表されるようになった. これを**オイラーのゼータ関数**(または**ツェータ関数**)という. さらにオイラーは, ある独自の方程式を用いて $\zeta(0), \zeta(-1), \zeta(-2), \cdots$ の"値"を求めた.($\zeta(0) = -1/2, \zeta(-1) = -1/12, \zeta(-2) = 0, \cdots$であるが, 読者は, これらの"値"を示せるか!)

しかし, そのオイラーですら, この辺りまでがやっとこさであったようで, 1750年代に入ってからは,「素数分布の問題解決は, 人類の見果てぬ夢であろう」, と歎息したという. しかし, 上述のゼータ関数の導入は, 一つの大きな進歩であった.

やがて，これがリーマンに引き継がれることになる．ともあれ，素数分布問題は，これで，一時，消沈したが，ルジャンドルによって再び浮上してきた．次の段階として

　(Ⅱ)「実数 $x(>2)$ までの素数の個数

　　　　　——それを $\pi(x)$ で表す——を評価できるか」

という問題が提起されたのである．ルジャンドルは，（当然，素数分布表から分析して）かなりの所まで追い詰めてから予想を立て，自著の中でそれを発表した（1798 年）．ところが，一方では，ガウスも問題(Ⅱ)を考えていたようである．その頃のガウスは整数論を研究していたので，素数分布問題に挑戦してきていたとしても，不思議ではない．後年，1849 年，エンケという天文学者への私信の中で，「自分は既に 14～15 歳の頃，x が充分大になるほど，

$$\pi(x) \sim \int_2^x \frac{1}{\log t} dt \quad (x \to \infty) \qquad \text{(D・1－3)}$$

であろう，ということを予想していた」，という旨を述べている．（この上式は，x が ∞ に向かう程，$\pi(x)$ と $\int_2^x (1/\log t) dt$ の値が近くなる，という意味．）ルジャンドルの著書が現れてからのこと故，信憑性には欠けるが，ここは，一応，ガウスを信じることにしよう．

この辺りの経緯については，本著よりすぐ前に出版された数学双書①・大数学者の数学シリーズ　加藤明史　著：『ガウス　整数論への道』をも参照されたい．この「$\pi(x)$ の予想についての先覚者問題」は，現在でも決着はついていない，と付記しておく．

　式（D・1－3） は少し分析してみる甲斐はある：

　右辺の積分を

$$g(x) = \int_2^x \frac{1}{\log t} dt$$

として，計算する．といっても，この積分（**対数積分**といわれる）は初等関数では表せないのである．だから，ここでは，x が大きい所でいえることを捉えるようにする．まず，部分積分法によって

$$g(x) = \int_2^x \frac{(t)'}{\log t}\,dt = \frac{x}{\log x} - \frac{2}{\log 2} + \int_2^x \frac{1}{(\log t)^2}\,dt$$
$$= \frac{x}{\log x}\left(1 - \frac{2}{\log 2}\cdot\frac{\log x}{x} + \frac{\log x}{x}\int_2^x \frac{1}{(\log t)^2}\,dt\right).$$

ところが，

$$\lim_{x\to\infty} \frac{\log x}{x}\int_2^x \frac{1}{(\log t)^2}\,dt = 0$$

である（ことが示される）ので，結局，

$$\lim_{x\to\infty} g(x)\cdot\frac{\log x}{x} = 1$$

がいえる．従ってガウスの予想は

$$\lim_{x\to\infty} \pi(x)\cdot\frac{\log x}{x} = 1 \qquad (\mathbf{D\cdot 1-4})$$

ということになる．すなわち，$\pi(x)$ は

$$\pi(x) \sim \frac{x}{\log x} \quad (x\to\infty) \qquad (\mathbf{D\cdot 1-5})$$

と表される，という訳である．そしてこれが，ルジャンドルの予想式と，大体，一致するのである．

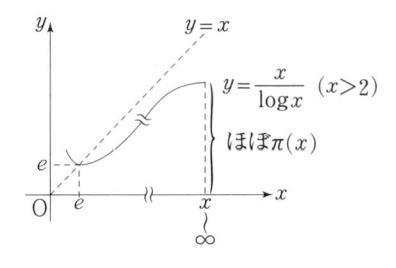

図D・1－2

もちろん，**式（D・1－4），（D・1－5）**は，**式（D・1－3）**を仮説としてその表現を変えたものに過ぎない．結局は，**式（D・1－3）**が正しい，ということを示さなければ，意味を成さないのである．しかし，こうして問題(II)は，「**式（D・1－3）**あるいは**式（D・1－5）**を導くこと」，という具合に煮つまったわけであるから，少しは，方針が立つということになる．（**式（D・1－3）**あるいは**（D・1－5）**は，後に立証されて，**素数定理**といわれるようになった．）以上は，**解析数論**の事実上の始まりといえるものである．

D・2　リーマン予想

　大層な題目ではあるが，本著では，初等数学でなんとか説明できる程度のことしか述べるわけにはゆかない．しかし，そうすると，リーマン予想については全く語り様がない．しかし，「将来，この道の研究を目指したい」，という若い読者もおられるかもしれないので，その道標のために，ある程度の所まで，かいつまんで，外郭を概説致すことにしよう．

　当初，リーマンは，素数分布問題には強く関わるつもりはなかったようである．にも拘らず，それに関与したのは，関数論の威力に味をしめて，「これできっと解決できる」，と信じたからであろう．そこで，まず，リーマンは，問題の解決につながりそうなオイラーの路線を踏襲した．此の際，オイラーのゼータ関数を複素領域に拡張することにしたのである．このようなゼータ関数を**リーマンのゼータ関数**という：

$$\zeta(s) = \sum_{n=1}^{\infty} \frac{1}{n^s}, \quad (s \text{ は複素変数}). \qquad (\text{D・2}-1)$$

式（D・1－2）からわかるように，**式（D・2－1）**は

$$\zeta(s) = \prod_{p=2}^{\infty} \left(1 - \frac{1}{p^s}\right)^{-1} \qquad (\mathbf{D \cdot 2 - 2})$$

とも表される．しかし，s を単に複素数にしただけでは，この $\zeta(s)$ は $\mathrm{Re}(s) > 1$ でしか意味をもたないのである．それゆえリーマンは，まず，$\zeta(s)$ を他の領域まで接続するようにした．以下は，その外郭である：

まず，引き合いとなる

$$\Gamma(s) = \int_0^{\infty} x^{s-1} e^{-x} dx \quad (\mathrm{Re}(s) > 0) \qquad (\mathbf{D \cdot 2 - 3})$$

で定義される関数は，ルジャンドルによって**オイラーのガンマ関数（第 2 種オイラー積分）**といわれるようになったものだが，この x を nx（n は自然数）と置き直すと，

$$\frac{1}{n^s} \Gamma(s) = \int_0^{\infty} x^{s-1} e^{-nx} dx$$

という等式になる．そして此の式の両辺の $\sum_{n=1}^{\infty}$ をとると，**式（D・2 − 1）**より

$$\zeta(s) \Gamma(s) = \int_0^{\infty} \frac{x^{s-1}}{e^x - 1} dx \quad (\mathrm{Re}(s) > 1)$$

となる．

ここからは関数論（特に複素積分）の本格的素養を要する．上式を用いて多少の技巧的計算をすれば，$\zeta(s)$ は，

$$\zeta(s) = -\frac{\Gamma(1-s)}{2\pi i} \int_C \frac{(-z)^{s-1}}{e^z - 1} dz \qquad (\mathbf{D \cdot 2 - 4})$$

と表され，これでガウス平面全体で$\zeta(s)$が意味をもつことになる．ここにCは，$\zeta(s)$の此の積分表示に相応する積分路で，例えば，**図D・2－1**の様にとれる：

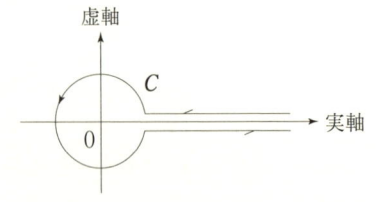

図中，$z=0$は分岐点であって，積分路は，円弧の半径$\to 0$に従って∞点から来て∞点に帰る様子を示している．

図D・2－1

式（D・2－4）は，$\zeta(s)$が$s=1$を極にもつ有理型関数であることを示している：$\Gamma(1-s)$のもつ極$s=1$が，素数が無数に存在することに対応する．

そこで，リーマンは，$\zeta(s)=0$となる点——$\zeta(s)$の**零点（ゼロ点）**といわれる——の分布が素数分布問題の解決への緒であろう，と読んだのである．その零点で自明なものは，mを正の整数として$s=-2m$の点である．また，自明でないものもあるかもしれない．（自明な"根"は**式（D・2－4）**から比較的容易に読みとれるが，自明でない"根"はそう容易には読みとれない．）そうこう勘案しながら，リーマンは，$\zeta(s)$と$\zeta(1-s)$との間の次の様な関数方程式——日本語では**関数等式**と訳されている——の成立を示した：

$$\zeta(s)=2^{s}\pi^{s-1}\sin\frac{\pi s}{2}\Gamma(1-s)\zeta(1-s). \qquad \text{（D・2－5）}$$

この式は，$\mathrm{Re}(s)<0$の領域でも$\zeta(s)$は以下の意味で"よい振舞い"をする，ということを示唆する：元々，**式（D・2－2）**から判るように$\zeta(s)$は$\mathrm{Re}(s)>1$では零点をもたないが，他方，$\mathrm{Re}(s)<0$では自明な零点をしかもたないことが**式（D・2－5）**から読みとれるのである．

従って自明でない零点は全て $0 \leq \mathrm{Re}(s) \leq 1$ の帯に存在するであろう．そこで，リーマンは，多分に $(s+(1-s))/2 = 1/2$ の点に着眼し，自明でない"根"を

$$s = \frac{1}{2} + i\tau \quad (\tau \text{ は複素数})$$

と仮定して，ついに τ が実数 t になるとき幾つもの"根"が存在することを見出した．かくして，リーマンは，

「$\zeta(s)$ の自明でない全ての零点は $\mathrm{Re}(s) = 1/2$ の線上に存在するであろう」，という予想を発表した（1859年）．これが素数論における有名な**リーマン予想**といわれるものである．この1859年論文は，タイトルが「与えられた数以下の素数の個数について」というもので，六つの

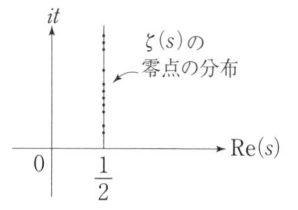

図は，$t > 0$ における複素零点の存在を象徴しているが，$t < 0$ においても，もちろん，共役零点が存在する．

図D・2-2

未証明の（予想）命題から構成されている．その後，五つは証明された．そのうちの三つは，フランスの**アダマール**（**J. Hadamard**）によって証明された．この論文の中で，リーマンは，上述の（リーマン）予想の下で，自明でない"根"の和によって $\pi(x)$ を明示する等式を呈示しており，それから彼の素数定理を証明することを一つの目的としていたようだが，それは果たさずに逝去している．その意志を継ぐかのように，素数定理は，リーマンの死後，30年後の1896年にアダマールとベルギーの**ド・ラ・ヴァレ・プーサン**（**C. de. la. Vallée Poussin**）によって証明された．しかし，アダマールもプーサンも，リーマン予想を用いてはいない．どちらも，$\zeta(s) \neq 0$ $(\mathrm{Re}(s) = 1)$

であることを補助定理として，素数定理の証明をしている．しかし，リーマン予想については，21世紀の現在でも未解決のままである．その周辺に関しては，多岐に亘ってかなりの進展が見られるが，リーマン予想そのものには，程遠いようである．リーマンは，関数論の枠内でこれも解決すると思っていたのかもしれないが，どうも，それは無理に見える．――筆者は素数論の専門家ではないので，強いことはいえないが．ともかく，もしリーマン予想が正しければ，素数分布はかなりの規則性をもったものになるだけに，その立証が強く待望されるわけである．

読者への演習として：
式（D・2－5）は，ガンマ関数の性質により
$$\zeta(1-s) = 2^{1-s}\pi^{-s}\cos\frac{\pi s}{2}\Gamma(s)\zeta(s)$$
とも表される．元々，これは，オイラーが形式的に導いていたものであり，その後，リーマンによって合理化された関数等式である．$\zeta(2) = \pi^2/6$ といずれの関数等式を用いてもよいから，$\zeta(-1)$ と $\zeta(-2)$ の値を求めてみよ．（答えは既に明示してある．）

この節の終わりにではあるが，リーマンのゼータ関数への着想について付記しておくべきことがある．それは，この関数は，一方ではオイラーのゼータ関数を踏まえたものではあるが，他方では，実は，師ディリクレの発案した級数も勘案されたものである，ということである．ディリクレは，整数論も研究していた．だから，（未証明といわれた）かの有名なフェルマーの

大定理を $n=5$ の場合で解決している．

> **フェルマーの大定理**
> 　　n を 3 以上の自然数とするとき，
> 　　　$x^n + y^n = z^n$
> 　を満たす正の整数解 (x, y, z) は存在しない．
> 　**注**．この定理は 1994 年に最終的に証明された．

さらにディリクレは，素数分布問題の研究もしている．そのとき，ディリクレは，次のような級数を考え着いている：

　　数列 $\{\lambda_n\}$ は正の値をとる (狭い意味での) 単調増加数列でかつ発散するものとする．すなわち，

　　　$0 < \lambda_1 < \lambda_2 < \cdots < \lambda_n \to \infty \quad (n \to \infty)$.

この数列によって構成された級数

$$\sum_{n=1}^{\infty} a_n e^{-\lambda_n x}$$

を**ディリクレの級数**という．

　特に $\lambda_n = \log n$ のとき，この級数は，

$$\sum_{n=1}^{\infty} \frac{a_n}{n^x}$$

となる．これを**常ディリクレ級数**という．

常ディリクレ級数において $a_n = 1$ とすれば，これは，オイラーのゼータ級数に他ならない．こうしたところからして，リーマンはディリクレからも，素数分布問題についてのある程度の示唆を受けていた可能性は高い，といえるだろう．

◇　　　　　　◇

　以上，読者には，数学史上に輝くリーマンの業績を，垣間，

御覧いただいた．出生年と没年からすれば，リーマンが数学者として研究できたのはせいぜい 1850〜1865 年頃となる．しかも，そのうちの 4〜5 年間は病との苦闘の中での研究であった．その短い期間で，しかも闘病中でこれだけの優れた研究をできた人は世界史的にも稀有である．リーマンは，数学の早期教育を受けたわけでは勿論ない．時代的に，ゲッチンゲン大学に入学するまで，とりたてて，（日本の大学入試のような）数学の受験勉強をあくせくとする必要はなかった．そもそも，大学入学時まで，数学をやるつもりではなかったのだから，2 重の意味で，それまで数学の勉強は大してやっていないことは明らかである．

　この天才は，別の天才（師ガウス）に出遇って一挙に数学に目覚めたのであった．この例は，「師」というものが，どれだけ大切であってかつ責任の重い職であるか，ということを明白に示唆している．そしてそれは，現代の人間界にも強く訴えるものがある，といえるであろう．

第3章 リーマンの数学の波及

これまで，リーマンの数学的業績を述べてきたが，リーマン程に，その業績が，その後の数学に与えた影響の大きい人はいない．その影響は，近代数学の多岐の分野に亘っており，それぞれの各序論ですら，概説するには，この小冊子の枠はあまりにも狭過ぎる．それゆえ，読者には，以下に述べるように，近代数学の遠景を観光していただくことになるが，要所は明確に強調してゆく所存である．

a 微分幾何学の進展

近代微分幾何学は，リーマンによるその幾何学創始の直接の延長となるものである．リーマンの後にその研究を推し進めた主要な幾何学者は，ベルトラミや**クリストッフェル**（**E. B. Christoffel**），そしてイタリアの**リッチ**（**C. G. Ricci**）とその弟子の**レヴィ゠チヴィタ**（**T. Levi-Civita**）達である．

その基盤となる表式は，**第1章**における**式（13－3）**である．リーマン幾何における絶対的線素 $\varDelta s$ を不変にする一般的座標変換によってリーマン空間上で考えられるベクトルやテンソルの変換法則等を論じたその集大成は，リッチとレヴィ゠チヴィタの共著として1901年に公表された．これは，**絶対微分学**と

か**共変微分学**といわれるものであるが，その後，**テンソル解析学**ともよばれるようになったものである．

一般にリーマン空間は曲がった空間であり，そのような空間上のベクトル（接ベクトル）は一般に各点の関数となる．

いま，簡単のため，2次元リーマン空間（M_2 と表そう）で，そのベクトルについて述べることにする．M_2 には一つの曲線座標系 (x_1, x_2) が採られているとする．これを単に $x = (x_1, x_2)$ と表そう．このとき，M_2 上のベクトル $\vec{u}$ は

$$\vec{u} = \vec{u}(x) = \begin{pmatrix} u_1(x) \\ u_2(x) \end{pmatrix}$$

のように表される．$\vec{u}$ の各成分 u_i ($i=1, 2$)（今後は，これをしもベクトルという）は x_1, x_2 で適当なだけ偏微分できるものとする．だから，当然，

$$\frac{\partial u_i}{\partial x_j} \quad (i = 1, 2 ; j = 1, 2) \tag{a-1}$$

という偏微分が考えられる．

第1章の**第13節**で述べたように，ベクトルは1階のテンソルであるから，M_2 における一般的座標変換によって**式 (13-9)** と同様の変換式

$$u'_i = \sum_{j=1}^{2} \frac{\partial \tilde{f}_j}{\partial x'_i} u_j \tag{a-2}$$

に従わなくてはならない．そこで，では，式（a-1）の $\partial u_i/\partial x_j$ であるが，「これは，一般にテンソルになるか？」，というに，そうはならない（ことが示される）．

ベクトルを微分した量が決してテンソルにならないとすれば，理論は進展しない．すぐ後に見るように，そもそも，それではリーマン空間におけるベクトルの平行性が定義できないからで

ある．しかし，実は，ベクトルを微分した量がテンソルになるように構成することができるのである．それは，**式（a−1）**に適当な項を付加することによって可能となる．その付加項を

$$\sum_{k=1}^{2} \left\{ {}^{k}_{j\,i} \right\} u_k$$

として，そして此処に

$$\frac{\nabla u_i}{\partial x_j} = \frac{\partial u_i}{\partial x_j} - \sum_{k=1}^{2} \left\{ {}^{k}_{j\,i} \right\} u_k \qquad (\mathrm{a}-3)$$

と表して（――これは，本著だけでの記法），この量がテンソルになるようにできる，というのである．この微分を以て**共変微分**という．既述の「共変微分学」というのは，この名称にあやかっているわけである．共変微分は，その後，1917年にレヴィ＝チヴィタによってその幾何学的意味が明白にされた．そのことを説明しておこう：

まず，平面 π 上のベクトルであるが，この場合は，**図 a −1**で見られるように，それらのベクトルが π 上の各点によらないことで，ベクトルの平行性が定義される．

しかし，M_2 上のベクトルのように，各点によるベクトルでは，たとい微小な距離だけ離れたベクトルに対してさえ，（$\partial u_i/\partial x_j$ がテンソルでないため，）すぐ上で述べたような意味での平行性は定義できない．このことを踏まえて，ベクトルの平行性を次のようにして捉える：

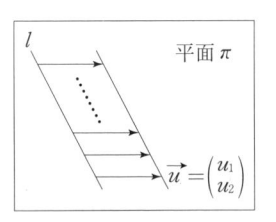

直線 l に沿ったベクトル $\vec{u}$ の平行移動

図 a −1

いま，$\Delta x = (\Delta x_1, \Delta x_2)$ が非常に小さな変量であるとして，まず，ベクトル $u_i = u_i(x)$ $(i = 1, 2)$ をふつうに偏微分する：

$$\lim_{\Delta x_1 \to 0} \frac{u_i(x_1+\Delta x_1, x_2) - u_i(x_1, x_2)}{\Delta x_1}$$
$$= \frac{\partial u_i}{\partial x_1}, \qquad (\text{a}-4)$$
$$\lim_{\Delta x_2 \to 0} \frac{u_i(x_1, x_2+\Delta x_2) - u_i(x_1, x_2)}{\Delta x_2}$$
$$= \frac{\partial u_i}{\partial x_2}. \qquad (\text{a}-5)$$

こうして得られたものは，**式(a−1)**であるが，これがテンソルでないことは幾度も述べた通りである．そこで，ベクトル u_i $(i=1, 2)$ を，点 x を通るある曲線に沿って位置 $x+\Delta x$ まで平行移動した量を $u''_i = u''_i(x+\Delta x)$ と表し，そして

$$\lim_{\Delta x_1 \to 0} \frac{u''_i(x_1+\Delta x_1, x_2) - u_i(x_1, x_2)}{\Delta x_1}$$
$$= \sum_{k=1}^{2} \begin{Bmatrix} k \\ 1\ i \end{Bmatrix} u_k, \qquad (\text{a}-4)'$$
$$\lim_{\Delta x_2 \to 0} \frac{u''_i(x_1, x_2+\Delta x_2) - u_i(x_1, x_2)}{\Delta x_2}$$
$$= \sum_{k=1}^{2} \begin{Bmatrix} k \\ 2\ i \end{Bmatrix} u_k \qquad (\text{a}-5)'$$

と定義する．そこで (a−4)−(a−4)′ と (a−5)−(a−5)′ を見れば，

$$\lim_{\Delta x_1 \to 0} \frac{u_i(x_1+\Delta x_1, x_2) - u''_i(x_1+\Delta x_1, x_2)}{\Delta x_1}$$
$$= \frac{\partial u_i}{\partial x_1} - \sum_{k=1}^{2} \begin{Bmatrix} k \\ 1\ i \end{Bmatrix} u_k, \qquad (\text{a}-6)$$
$$\lim_{\Delta x_2 \to 0} \frac{u_i(x_1, x_2+\Delta x_2) - u''_i(x_1, x_2+\Delta x_2)}{\Delta x_2}$$
$$= \frac{\partial u_i}{\partial x_2} - \sum_{k=1}^{2} \begin{Bmatrix} k \\ 2\ i \end{Bmatrix} u_k \qquad (\text{a}-7)$$

となる．これらの式は**式(a−3)**そのものである．

既述のように、これらはテンソルであるから、ベクトルの平行性を

$$\frac{\nabla u_i}{\partial x_j} = 0 \quad (i=1, 2\,;\, j=1, 2)$$

で定義できる、というわけである(**図a－2**).

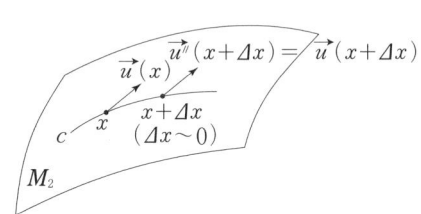

式(**a－3**)に現れた $\left\{{k \atop j\,i}\right\}$ は、**レヴィ＝チヴィタの接続係数**といわれるものだが、これはリーマンの計量テンソル g_{ij} で表すことができる。それは、g_{ij} に対する共変微分をした

点 x を通る曲線 c に沿った接ベクトル $\vec{u}$ の平行移動

図a－2

もの(これは3階テンソルになるが)、それを0とする条件を課すのである。いま、$\left\{{k \atop j\,i}\right\} = \left\{{k \atop i\,j}\right\}$ とする。これらの条件がリーマン幾何学に抵触することはない。では、少し計算してみる：

以下に、**式(a－3)**は、少し拡張されて計算される。(一般読者には、ただ眺めて、「なるほど」、と思っていただければよい.)

$$\frac{\nabla g_{ij}}{\partial x_k} = \frac{\partial g_{ij}}{\partial x_k} - \sum_{\ell=1}^{2}\left\{{\ell \atop k\,i}\right\}g_{\ell j} - \sum_{\ell=1}^{2}\left\{{\ell \atop k\,j}\right\}g_{i\ell}$$
$$= 0. \qquad (\text{a}-8)$$

式(a－8)で i と k を入れ替える(以後、$\sum_{\ell=1}^{2}$ は単に $\sum_{\ell}$ と表記する)：

$$\frac{\nabla g_{kj}}{\partial x_i} = \frac{\partial g_{kj}}{\partial x_i} - \sum_\ell \begin{Bmatrix} \ell \\ i\, k \end{Bmatrix} g_{\ell j} - \sum_\ell \begin{Bmatrix} \ell \\ i\, j \end{Bmatrix} g_{k\ell}$$
$$= 0. \qquad (\text{a}-8)'$$

さらに式 (a－8) で k と j を入れ替える：

$$\frac{\nabla g_{ik}}{\partial x_j} = \frac{\partial g_{ik}}{\partial x_j} - \sum_\ell \begin{Bmatrix} \ell \\ j\, i \end{Bmatrix} g_{\ell k} - \sum_\ell \begin{Bmatrix} \ell \\ j\, k \end{Bmatrix} g_{i\ell}$$
$$= 0. \qquad (\text{a}-8)''$$

そこで (a－8)′+(a－8)″－(a－8) より

$$\frac{1}{2}\left(\frac{\partial g_{ik}}{\partial x_j} + \frac{\partial g_{kj}}{\partial x_i} - \frac{\partial g_{ij}}{\partial x_k}\right)$$
$$= \sum_\ell \begin{Bmatrix} \ell \\ j\, i \end{Bmatrix} g_{\ell k}. \qquad (\text{a}-9)$$

ところで, g_{ij} による行列を $(g_{ij}) = G$ と表せば,

$$G = \begin{pmatrix} g_{11} & g_{12} \\ g_{21} & g_{22} \end{pmatrix} = \begin{pmatrix} g_{11} & g_{12} \\ g_{12} & g_{22} \end{pmatrix}.$$

そしてこの逆行列を

$$G^{-1} = \frac{1}{|G|}\begin{pmatrix} g_{22} & -g_{12} \\ -g_{12} & g_{11} \end{pmatrix} = \begin{pmatrix} \tilde{g}_{11} & \tilde{g}_{12} \\ \tilde{g}_{21} & \tilde{g}_{22} \end{pmatrix}$$

と表記する.

このとき

$$\sum_j g_{ij}\tilde{g}_{jk} = \sum_j \tilde{g}_{ij}g_{jk} = \begin{cases} 1 & (i = k \text{ のとき}) \\ 0 & (i \neq k \text{ のとき}) \end{cases}$$

が成り立つから, 式 (a－9) に対して

$$\sum_k \frac{\tilde{g}_{mk}}{2}\left(\frac{\partial g_{ik}}{\partial x_j} + \frac{\partial g_{kj}}{\partial x_i} - \frac{\partial g_{ij}}{\partial x_k}\right)$$
$$= \sum_\ell \sum_k \begin{Bmatrix} \ell \\ j\, i \end{Bmatrix} \tilde{g}_{mk} g_{k\ell}$$
$$= \begin{Bmatrix} m \\ j\, i \end{Bmatrix}. \qquad (\text{a}-10)$$

これでレヴィ＝チヴィタの接続係数は計量テンソルとその微

分で表されたことになる.

元々, **式(a-10)** は, クリストッフェルによって, リーマンの没後, まもなく, 1868年に公表されていたものである. クリストッフェルは, リーマンの Δs^2 から測地線方程式を導く際に**式(a-10)**を記号の定義として与えたのであった. それゆえ $\left\{{i \atop j\,k}\right\}$ を**リーマン・クリストッフェルの(3添字)記号**ということが多い.

ところで, **第1章**における**第10〜11節**からわかっていただけるように, 曲率というものでは, 2階微分がどうしても必要になるし, しかもガウス曲率は**式(11-14)′**からわかるように, 行列式で表されるものである. これらのことを鑑みるなら, 次の様な**交代式**

$$\frac{\nabla}{\partial x_j}\left(\frac{\nabla u_i}{\partial x_k}\right) - \frac{\nabla}{\partial x_k}\left(\frac{\nabla u_i}{\partial x_j}\right) \tag{a-11}$$

は意味をもつことが予測されよう. これを計算すれば,

$$\sum_\ell \left(\frac{\partial}{\partial x_k}\left\{{\ell \atop j\,i}\right\} - \frac{\partial}{\partial x_j}\left\{{\ell \atop k\,i}\right\} + \sum_m \left[\left\{{m \atop j\,i}\right\}\left\{{\ell \atop k\,m}\right\} - \left\{{m \atop k\,i}\right\}\left\{{\ell \atop j\,m}\right\} \right] \right) u_\ell$$

となる. これを**リッチの表式**という. いま, この式を $\sum_\ell R_{jki}{}^\ell$ と表すと,

$$R_{jki}{}^\ell = \frac{\partial}{\partial x_k}\left\{{\ell \atop j\,i}\right\} - \frac{\partial}{\partial x_j}\left\{{\ell \atop k\,i}\right\} + \sum_m \left[\left\{{m \atop j\,i}\right\}\left\{{\ell \atop k\,m}\right\} - \left\{{m \atop k\,i}\right\}\left\{{\ell \atop j\,m}\right\} \right] \tag{a-12}$$

である. そして

$$\sum_\ell R_{jki}{}^\ell g_{\ell n} = R_{jkin} \tag{a-13}$$

と表す．これは**リーマンの曲率テンソル**といわれるもので，その輪郭は既にリーマンによって論及されてあった．ここに，「曲率」というその意は，R_{1212} が，**第1章**における**式 (11-14)′** で表されたるガウスの全曲率 K を与えることに因る．正確には，

$$K = \frac{R_{1212}}{|G|} \qquad (\text{a}-14)$$

ということである．R_{1212} は g_{ij} で表されるので，第2基本量は g_{ij} で表されることを**式 (a-14)** は意味している．（これで，**ガウスの驚異の定理**は O.K.）いま，R_{1212} を g_{ij} で表してみよう．

式 (a-13) より

$$\begin{aligned} R_{1212} &= \sum_\ell R_{121}{}^\ell g_{\ell 2} \\ &= R_{121}{}^1 g_{12} + R_{121}{}^2 g_{22}. \end{aligned}$$

式 (a-12) より

$$R_{121}{}^1 = \frac{\partial}{\partial x_2}\left\{\begin{smallmatrix}1\\1\,1\end{smallmatrix}\right\} - \frac{\partial}{\partial x_1}\left\{\begin{smallmatrix}1\\2\,1\end{smallmatrix}\right\} + \sum_m\left[\left\{\begin{smallmatrix}m\\1\,1\end{smallmatrix}\right\}\left\{\begin{smallmatrix}1\\2\,m\end{smallmatrix}\right\} - \left\{\begin{smallmatrix}m\\2\,1\end{smallmatrix}\right\}\left\{\begin{smallmatrix}1\\1\,m\end{smallmatrix}\right\}\right],$$

$$R_{121}{}^2 = \frac{\partial}{\partial x_2}\left\{\begin{smallmatrix}2\\1\,1\end{smallmatrix}\right\} - \frac{\partial}{\partial x_1}\left\{\begin{smallmatrix}2\\2\,1\end{smallmatrix}\right\} + \sum_m\left[\left\{\begin{smallmatrix}m\\1\,1\end{smallmatrix}\right\}\left\{\begin{smallmatrix}2\\2\,m\end{smallmatrix}\right\} - \left\{\begin{smallmatrix}m\\2\,1\end{smallmatrix}\right\}\left\{\begin{smallmatrix}2\\1\,m\end{smallmatrix}\right\}\right].$$

そして**式 (a-10)** より

$$\left\{\begin{smallmatrix}1\\2\,1\end{smallmatrix}\right\} = \frac{1}{2|G|}\left(-g_{12}\frac{\partial g_{22}}{\partial x_1} + g_{22}\frac{\partial g_{11}}{\partial x_2}\right),$$

$$\left\{\begin{smallmatrix}2\\1\,2\end{smallmatrix}\right\} = \frac{1}{2|G|}\left(g_{11}\frac{\partial g_{22}}{\partial x_1} - g_{12}\frac{\partial g_{11}}{\partial x_2}\right),$$

$$\left\{\begin{smallmatrix}1\\2\,2\end{smallmatrix}\right\} = \frac{1}{2|G|}\left(-g_{22}\frac{\partial g_{22}}{\partial x_1} + 2g_{22}\frac{\partial g_{12}}{\partial x_2} - g_{12}\frac{\partial g_{22}}{\partial x_2}\right),$$

$$\left\{\begin{smallmatrix}2\\1\,1\end{smallmatrix}\right\} = \frac{1}{2|G|}\left(2g_{11}\frac{\partial g_{12}}{\partial x_1} - g_{12}\frac{\partial g_{11}}{\partial x_1} - g_{11}\frac{\partial g_{11}}{\partial x_2}\right),$$

$$\left\{\begin{smallmatrix}1\\1\,1\end{smallmatrix}\right\} = \frac{1}{2|G|}\left(g_{22}\frac{\partial g_{11}}{\partial x_1} - 2g_{12}\frac{\partial g_{12}}{\partial x_1} + g_{12}\frac{\partial g_{11}}{\partial x_2}\right),$$

$$\left\{\begin{smallmatrix}2\\2\,2\end{smallmatrix}\right\} = \frac{1}{2|G|}\left(g_{12}\frac{\partial g_{22}}{\partial x_1} - 2g_{12}\frac{\partial g_{12}}{\partial x_2} - g_{11}\frac{\partial g_{22}}{\partial x_2}\right).$$

これらを $R_{121}{}^1$, $R_{121}{}^2$ を表す式に代入して整理すればよいのであるが、それはかなり煩わしいことであるから、ここは、簡単のため、**第1章**における半径 a の球面の場合で計算を致そう。

この場合は、$x_1 = \theta$, $x_2 = \phi$ で
$$g_{11} = a^2,\ g_{12} = 0,\ g_{22} = (a\sin\theta)^2$$
となるから、$|G| = a^4(\sin\theta)^2$ であって、そして
$$\left\{ {2 \atop 1\ 2} \right\} = \frac{\cos\theta}{\sin\theta},\ \left\{ {1 \atop 2\ 2} \right\} = -\sin\theta\cos\theta,$$
その他 $= 0$.

従って
$$R_{121}{}^1 = 0,\ R_{121}{}^2 = 1$$
となり、それゆえ**式 (a−13)** と **(a−14)** より
$$K = \frac{R_{121}{}^2 g_{22}}{|G|}$$
$$= \frac{a^2(\sin\theta)^2}{a^4(\sin\theta)^2} = \frac{1}{a^2}$$
ということで、めでたく、**第1章**における**式 (11−16)** が再現されるわけである。

これで、読者には、リーマン幾何学の威力の程が納得していただけたことであろう。

リーマンの曲率テンソル R_{jkln} には、それ自身、より一般的幾何学的意味があるが、予定頁数がかなり超過しているので、それは割愛。

かくして、ひとたび、リーマンによるアイデアが公表されるや、その幾何学は瞬く間に大進展を遂げることになった。それは、一方では、リーマン幾何学そのものの進展であるが、他方

では，リーマン幾何学から逸脱してより一般的な方向への進展をも，もたらした．**近代微分幾何学**とはこの双方の総称である．

リーマン幾何学に限っても，その進展内容は実に多様である．その一例を少し述べておこう．それは，**群論**との合流によるものである．「**群**」とは，それ自体が或る演算（例えば，掛け算と割り算）で閉じる集合体系のことであり，実質的には，かの有名な**ガロア (E. Galois)** によって 1830 年頃に提唱されたものであるが，それが陽の目を見るようになったのは，フランスの数学者**ジョルダン (C. Jordan)** が 1870 年に公刊した『置換論』による．最も初歩的な群の一例は 1 の 3 乗根（立方根）の集合 $\Omega = \{1, \omega, \omega^2\}$ ($\omega^3 = 1, \omega \neq 1$) である．（1 は Ω の**単位元**といわれる．）ガロアの群は，この例に見るように，各要素が個別に存在している**離散群**であるが，幾何学的に，より重要なものは**連続群**といわれるものである．これは，実数の集合のように，集合が連続であるため，極限に関して群の演算が連続になっているものである．連続群は，ノルウェーの数学者**リー (S. Lie)** によって 1870 年代前半に創始されたものである．当初は，図形の変換群としての性格のものであった．リーは，1870 年頃に，7 歳程年少のドイツのうら若き数学者**クライン (F. Klein)** と知り合いになった．そして彼らは群論が今後の数学にどれだけの影響を及ぼすものであるか，そしてその威力がどれ程のものであるかを語り合った．クラインの**エルランゲン目録 (Erlangen Program)** といわれる（幾何学界で有名な）それは，リーとの一連の論議の中から生まれたのである．これは，1872 年，クライン 23 歳の時，ドイツのエルランゲン大学の正教授として招聘された時に，その就任論文・講演として発表された

もので，変換群による幾何学の統一的見解を中心に，広く将来の数学の動向を示唆した，極めて優れた指導的プログラムである．その後の幾何学界は，大体，この目録に沿って動いてゆくようになった．

さて，元に戻ってリーマン幾何学と群論との合流であるが，これは，連続群の等長変換群としての役割に見られる．**第1章**における**式 (13-4)** の下で Δs^2 が不変になるとき，それは（無限小）等長変換になる．これは，すなわち，

$$\sum_{j,k} g_{jk}(x)\Delta x_j \Delta x_k$$
$$= \sum_{j,k} g_{jk}(x+t\vec{u})\Delta(x_j+tu_j)\Delta(x_k+tu_k) \qquad (\text{a}-15)$$

が成り立つ，ということである．（$\sum_{j,k}$ は $\sum_j \sum_k$ の略記号であって，今度は，$j=1, \cdots, n$；$k=1, \cdots, n$ とする．）**式 (a-15)** の右辺を展開すると，

$$\sum_{j,k} \left(g_{jk}(x) + t\sum_{\ell} u_\ell \frac{\partial g_{jk}}{\partial x_\ell}(x) \right)$$
$$\cdot \left(\Delta x_j + t\sum_\ell \frac{\partial u_j}{\partial x_\ell}\Delta x_\ell \right)\left(\Delta x_k + t\sum_\ell \frac{\partial u_k}{\partial x_\ell}\Delta x_\ell \right)$$
$$+ t \text{ の 2 次以上の項}$$
$$= \sum_{j,k} g_{jk}(x)\Delta x_j \Delta x_k$$
$$+ t\sum_{j,k,\ell}\left(g_{k\ell}\frac{\partial u_\ell}{\partial x_j} + g_{j\ell}\frac{\partial u_\ell}{\partial x_k} + u_\ell\frac{\partial g_{jk}}{\partial x_\ell} \right)\Delta x_j \Delta x_k$$
$$+ t \text{ の 2 次以上の項}$$

となる．だから，**式 (a-15)** は，$t \sim 0$ において

$$\sum_\ell \left(g_{k\ell}\frac{\partial u_\ell}{\partial x_j} + g_{j\ell}\frac{\partial u_\ell}{\partial x_k} + u_\ell\frac{\partial g_{jk}}{\partial x_\ell} \right) = 0 \qquad (\text{a}-16)$$

ということを意味する．これは u_i $(i=1, \cdots, n)$ の満たすべ

き（最大限 $n(n+1)/2$ 個から成る）偏微分方程式系で，**等長条件**，あるいは，これを見出した数学者キリング（ワイエルシュトラースの高弟）の名を付して**キリング条件**といわれるものである．適当なリーマン空間では，このような等長変換が考えられるが，一般的には，0 でない u_i ($i=1, \cdots, n$) が存在するとは限らない．しかし，対象としているリーマン空間が定曲率の場合は，0 でない u_i は存在する．（既にリーマンは，このようなことに論及していた．）このときは，そのリーマン空間上の変換群としての（自明でない）連続群が存在し，——すなわち，単位元のみから成る群ではないものが存在し，クラインのエルランゲン目録に沿った様々な研究が為されることになる．

さて，元々のリーマン幾何学は，上述のように，一般には，エルランゲン目録に沿わない．しかし，レヴィ＝チヴィタによる平行移動の概念が発表された時からリーマン幾何学は一つの大きな転換期を迎えることになった．そもそも，空間上の平行移動では，**式（a－8）**のような計量条件は必ずしも必要ではない．このことを早々と洞察したのが，かのワイルであった．1920 年前後，ワイルはこの路線で研究をし，計量の入らない空間，あるいは計量があってもその伸縮の自由度が許されるような空間で微分幾何学を展開して見せた．その後，間もなく，フランスの数学者**カルタン**（**E. Cartan**）が，レヴィ＝チヴィタの平行移動の概念を基に，一つの空間の非常に近い 2 点における接空間の対応付けができる，という旨の研究を発表した．そのような接空間同士の対応を付ける存在をカルタンは，**接続**と称した．（前述のレヴィ＝チヴィタの接続係数における「接続」は，これに因んで後に名付けられたのである．）そしてそのよ

うな接続の存在する空間は**接続空間**といわれ，それに基づいて展開される幾何学は**接続幾何学**といわれるようになった．カルタンの研究はワイルのそれより一般的であり，しかもその接続幾何学では，一般に（自明でない）ある連続群が存在する．このため，接続幾何学は，従って，当然，リーマン幾何学は，この意味でエルランゲン目録に沿うものとなり，新たな大進歩を展開するようになったのである．

b 位相幾何学の黎明

「**位相幾何**」という用語こそ無かったが，その芽生えは，既に**オイラーの（多面体）定理**（1752 年）に見られる．これは，多面体（F で表すことにする）の頂点の個数，稜（辺といってもよい）の個数，面の個数をそれぞれ v, e, s と表記したとき，もし F が球を連続的に（柔らかい粘土細工のように引き伸ばしたり，縮めたり，曲げたりして）変形してできる立体図形ならば，

$$v - e + s = 2 \qquad (\text{b}-1)$$

が成り立つ，というものである．例えば，最も簡単な四面体の場合では，$v = 4$, $e = 6$, $s = 4$ である．直方体の場合では，$v = 8$, $e = 12$, $s = 6$ である．

F を一般的な多面体として

$$\chi(F) = v - e + s \qquad (\text{b}-2)$$

と表し，オイラーの名に因んで，$\chi(F)$ を**オイラー数**という．オイラーの定理によれば，$\chi(F) \neq 2$ となる多面体は球に連続的に変形できないものである．いま，F が輪環面，すなわち，

図 b－1

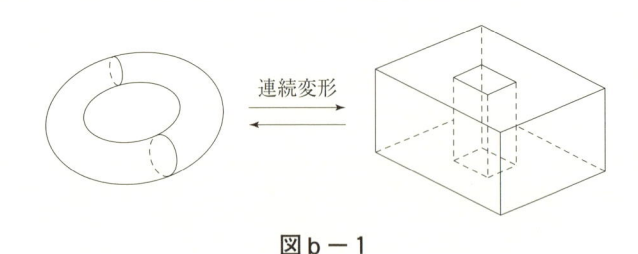

トーラスからできる多面体のときの一例を**図 b－1**に示す．この立体図形の場合では$v=16$, $e=24$, $s=8$であるから，$\chi(F)=0$となる．ここで，「$s=10$ではないのか？」，と疑問に思われる人がいるかもしれない．そういう人は，**図 b－1**における右の図形の穴のあいている上面と下面の二つまでも勘定したのであろう．しかし，それらは，通常の意味での「面」とは見做さないのである．詳述は略すが，この場合，いちいちv, e, sを数えるよりも，**式（b－1）**で与えられるオイラー数が更に2だけ減少した（, すなわち，$2-2=0$となる），と考えればよいのである．あるいは，その小さな直方体の上下の2面分が減少した，と見做してもよい．このようにしてくり抜かれる小さな直方体が一つ増すごとに**式（b－1）**のオイラー数は2ずつ減少するので，種数pのトーラス体Fではオイラー数は

$$\chi(F)=2-2p \quad (p=0,\ 1,\ 2,\ \cdots) \qquad \textbf{(b－3)}$$

となるわけである．

少し注記しておかねばならないことがある．通常，「多面体」というときは，その内部が含まれているので，表面だけを考察の対象とするときはその旨を断らねばならない．また，多面体のどの面を延長・拡張してもそれが決してその多面体の内部を

通らないとき，それを**凸型多面体**という．尚，凸型正多面体は正四面体，正六面体，正八面体，正十二面体，正二十面体の五つだけである（全て偶数面体である）が，少なくとも五つであることは，古代ギリシア時代（プラトンの頃）に既に知られていたようである（実際はちょうど五つであるが）．そして凸型多面体に関して**式（b－1）**は，オイラー以前にデカルトによって見出されていたことも判明している．だから，本当は，オイラーの定理ならぬ「デカルトの定理」というわけである．

さて，$\chi(F)$ を表す**式（b－2）**であるが，この右辺は，要するに，一つの範疇に属する多面体の表面を点，直線，（多角形である）面という具合にバラバラにしたとき，（各 v, e, s は個別には違っても）$v-e+s$ という量は一定である，ということを主張しているわけである．そうすると，このような分割をする操作が考えられて然るべきであろう．そのようなことについて少し述べておこう．

まず，用語を規約しておく．3次元ユークリッド空間における4点 P_0, P_1, P_2, P_3 の位置ベクトルを順に a_0, a_1, a_2, a_3 とする（矢印は付さない）．このとき a_0 に対する三つの相対ベクトル a_1-a_0, a_2-a_0, a_3-a_0 が考えられるが，これらが1次独立であって，かつある点の位置ベクトル x が0以上の実数 $x_i (i=0, 1, 2, 3)$ によって

$$\begin{cases} x = x_0 a_0 + x_1 a_1 + x_2 a_2 + x_3 a_3 \\ x_0 + x_1 + x_2 + x_3 = 1 \end{cases} \quad (\text{b}-4)$$

と表されるとき，このような x の全体を 4 点 P_0, P_1, P_2, P_3 を頂点とする **3 次元単体**，あるいは **3 - 単体** という．(このとき，4 点 P_0, P_1, P_2, P_3 は**独立**といわれる．) 式 (b - 4) において x_0 を消去すると，

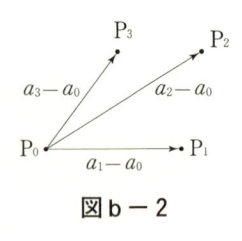

$$\begin{cases} x = a_0 + x_1(a_1 - a_0) + x_2(a_2 - a_0) + x_3(a_3 - a_0), \\ 0 \leq x_1 + x_2 + x_3 \leq 1 \end{cases}$$

図 b - 2

となる．$a_0 = 0$ ($P_0 = O$) としてよいから，

$$\begin{cases} x = x_1 a_1 + x_2 a_2 + x_3 a_3, \\ 0 \leq x_1 + x_2 + x_3 \leq 1 \end{cases} \quad (\text{b} - 4)'$$

とした方が見やすいかもしれない．この式において，例えば，$x = x_1 a_1 + x_2 a_2$ ($x_1 \geq 0$, $x_2 \geq 0$) かつ $x_1 + x_2 \leq 1$ を満たす x の全体は三角形 (板) OP_1P_2 (この順を正の向きとする)，また，$x = x_1 a_1 + x_2 a_2 + x_3 a_3$ ($x_1 \geq 0$, $x_2 \geq 0$, $x_3 \geq 0$) かつ $x_1 + x_2 + x_3 \leq 1$ を満たす x の全体は (内部を含めた) 四面体 $OP_1P_2P_3$ (この順を正の向きとする) である．ここで，「正の向き」について具体的に説明を付加しておく．例えば，すぐ前の三角形 OP_1P_2 の場合では，

　　正の向き：$OP_1P_2 = P_2OP_1 = P_1P_2O$,

　　負の向き：$P_1OP_2 = OP_2P_1 = P_2P_1O = -OP_1P_2$

ということである (**図 b - 3**)．

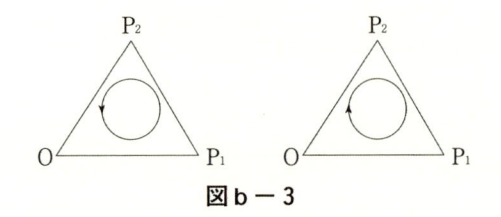

図 b - 3

こうして，結局，**0－単体**は1点，**1－単体**は線分，**2－単体**は三角形，**3－単体**は四面体と規約されることになる．これから正の向きの **m－単体**（**有向 m－単体**という）を，記号で σ^m ($0 \leq m \leq 3$) と表すことにする．そうすると，例えば，

$$\sigma^0 = P_0 (= O), \quad \sigma^1 = P_0 P_1,$$
$$\sigma^2 = P_0 P_1 P_2, \quad \sigma^3 = P_0 P_1 P_2 P_3$$

のように表せる．

さらに，σ^3 において $m+1$ 個（$0 \leq m \leq 2$）の頂点を有する最小の凸型集合は m－単体であるが，これを **m 次元辺単体**あるいは **m－辺単体**という．σ^3 の 0－辺単体の個数 (v) は ${}_4C_1 = 4$，1－辺単体の個数 (e) は ${}_4C_2 = 6$，2－辺単体の個数 (s) は ${}_4C_3 = 4$ である．

「単体」という用語がある以上，「**複体**」というものもあって然るべきであろう．これは，3次元ユークリッド空間の中の有限個の単体（0～3－単体）の集合を K で表したとき，集合としての K の性質を公準的に規約したものであるが，今，取り立てるようなことではない．ただ，単体 σ^m は適当な K（の要素の全ての和集合）から成るのだ，あるいは多面体のような（3次元ユークリッド空間の）図形 F は適当な K から成るのだ，と思っていただくだけでよい．要するに，K は図形の構成要素から成る集合であって，従って K は F の**単体分割**ということになる．

さて，有限個の単体から成る複体 K における有向 m－単体 $\sigma_1^m, \sigma_2^m, \cdots, \sigma_r^m$ に対して $g_1, g_2, \cdots, g_r$ を整数の係数とした次のような1次結合

$$c^m = g_1 \sigma_1^m + \cdots + g_r \sigma_r^m \qquad (b-5)$$

（r は一般に m による）

を K の鎖という．c^m が 0 でない $g_1, \cdots, g_r$ で一意に表されるとき，それを K の **m－鎖**という．そうすると，例えば，点は c^0 で **0－鎖**，辺は c^1 で **1－鎖**，面は c^2 で **2－鎖**ということになる．**式（b－4）**において整数倍は

$$ac^m = ag_1\sigma_1{}^m + \cdots + ag_r\sigma_r{}^m$$
$$(a \text{ は整数})$$

で定義される．ただし，$0c^m$ は単に 0 と表す．（このような構造を有した K は，**代数複体**といわれる．）**式（b－5）**のような 1 次結合を考えたのは，図形の幾何学を代数計算に乗せるためである．

 少し例示してみる．$c^1 = P_0P_1$ とすれば，$c^1 = P_0P_1 = -P_1P_0$ という有向線分．$c^1 = P_0P_1 + P_1P_2 + P_2P_3$ とすれば，これは正の向きの三角形の周囲であり，$-2c^1 = -2P_0P_1 - 2P_1P_2 - 2P_2P_3$ はその三角形の周囲を負の向きに 2 回周ることを意味する．

 さらに，鎖に対して（線型に働く）**境界作用素（∂）**というものを導入する：

$$\partial P_1 = O, \quad \partial(P_1P_2) = P_2 - P_1,$$
$$\partial(P_1P_2P_3) = P_2P_3 - P_1P_3 + P_1P_2$$
$$= P_1P_2 + P_2P_3 + P_3P_1. \quad (\mathbf{b}-6)$$

これらの意味することは，例えば，$\partial(P_1P_2)$ は有向線分 P_1P_2 の**境界**（点 P_0 と P_1）を代数和で与える，ということである．∂ の作用の仕方は，一般の（次元の）場合で見た方が理解しやすい：

$$\partial(P_1P_2\cdots P_n) = \sum_{k=1}^{n}(-1)^{k-1}P_1P_2\cdots \check{P}_k \cdots P_n$$

（$\check{P}_k$ は P_k のところを除くことを意味する）．
∂ の性質で大切なことは，つねに $\partial^2 = \partial\partial = 0$ となることであ

る．実際，

$$\partial(\partial P_1) = \partial O = O,$$
$$\partial\partial(P_1P_2) = \partial P_2 - \partial P_1 = O,$$
$$\partial\partial(P_1P_2P_3) = \partial(P_1P_2) + \partial(P_2P_3) + \partial(P_3P_1)$$
$$= P_2 - P_1 + P_3 - P_2 + P_1 - P_3 = O$$

となるからである．そこで，特に m －鎖 c に対して

$$\partial c = 0 \qquad (b-7)$$

であるとき，c を m －**輪体**という．そして更に

$$c = \partial b \qquad (b-8)$$

となる $(m+1)$ －鎖 b が存在するとき，c を（境界を与える輪体ということで，）**境界輪体**という．m を固定しておく．二つの m －輪体 c_1, c_2 に対して $c_1 - c_2$ が境界輪体であるとき，c_1 と c_2 は**同値**といって $c_1 \approx c_2$ のように表す．すなわち，ある $(m+1)$ －鎖があって

$$c_1 - c_2 = \partial b \qquad (b-9)$$

ということである．

準備が少し長かったかもしれないが，これ位でないと，説明が回りくどくなって，円滑に進まないのである．

これらの準備の下で少し立ち入ったことを説明する．もちろん，ここでは，3次元ユークリッド空間内の図形に対してであるが．

まず，単体分割の初歩的例を一つ．長方形 ABCD は二つの三角形の和集合として次の様に表される：

$$ABCD = ABD \cup BCD.$$

このように長方形（一般に多角形）は三角形分割されるが，しかし，長方形の周は三角形の周と同値でもある．このことを示

しておこう：
いま，
$$c_1 = AB + BC + CD + DA, \quad c_2 = PQ + QR + RP$$
とすれば，c_1, c_2 は1-輪体である．そしてこれらの図形が**図b-4**のように位置付けられているとする．

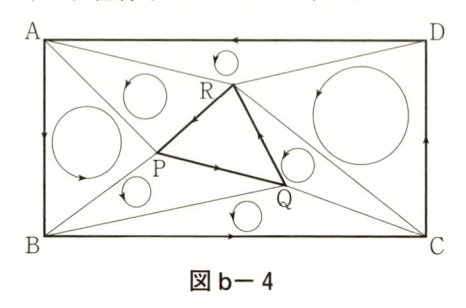

図b-4

2-鎖である境界輪体 b は c_1 と c_2 の間の向き付けられた領域である．すなわち，
$$b = ABP + PBQ + QBC + CRQ + CDR + RDA + APR$$
である．実際，
$$\begin{aligned}
\partial b &= \cancel{BP} - \cancel{AP} + AB + \cancel{BQ} - PQ + \cancel{PB} \\
&\quad + BC - \cancel{QC} + \cancel{QB} + RQ - \cancel{CQ} + \cancel{CR} \\
&\quad + \cancel{DR} - \cancel{CR} + CD + DA - \cancel{RA} + \cancel{RD} \\
&\quad + PR - \cancel{AR} + \cancel{AP} \\
&= AB + BC + CD + DA - (PQ + QR + RP) \\
&= c_1 - c_2
\end{aligned}$$
となる．従って，これらの c_1 と c_2 は同値である（$c_1 \approx c_2$）．このことから c_1 と c_2 は一般の多角形とも，さらには円周とも同値になることがわかるであろう（**図b-5**）．多角形は，その頂点や辺が円周の点や弧に1対1にかつ連続的に移されるからである．

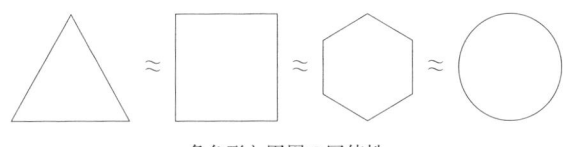

多角形と円周の同値性

図 b－5

この意味で, 多角形と円周とを同一視することができる. このようなことは, もちろん, 平面図形に関してばかりでなく, 空間図形に関してもいえる. こうして, 例えば, **式（b－1）**で与えられるオイラー数（=2）が多面体の形状によらないで決まってしまうことの数学的表現が与えられるわけである.

図形の連続的変形操作で移れるような概念を代数的に捉えゆく, そういう幾何学が**位相幾何学**あるいは**トポロジー (topology)** といわれるものである. こうした術語に沿って3次元ユークリッド空間の多面体の表面は**位相曲面**といわれる. 四面体の表面を含めて凸型多面体の表面は位相球面というべきものである（内部のない凸型多面体を膨らますと球面になる）. だから, 凸型多面体の表面は球面と**同位相**（**同相**）である, といわれる.

しかし, こういう幾何学においては, 同位相のものを調べただけでは, （複雑な図形は幾らでもできるが,）あまりおもしろくはないのである. むしろ, 位相の異なる幾何学概念を追究して分類する, という方がこの幾何学の中心課題である. そういう幾何学概念の典型が, 向きとかトーラスの穴の数のような示性数, また, コンパクト (compact) であるか否か, 連結であるか否かなどというものである. コンパクトな図形というのは, 感覚的には, 有限な図形, 例えば, 球面やトーラスのようなも

のと思っていただいてよい．反対に，体積が無限となるコンパクトでない図形は，のっぺらな平面や空間のようなものである．だから，そういうコンパクトでない図形は，幾何学的には，概してつまらないものになる．ここで「向き」の件であるが，これは，非常に重要であるから，その重要性を物語る端的一例を挙げておこう：これは空間の次元とも関与する．いま，向きが反対の xy −座標系（I系）と yx −座標系（II系）が平面 π 上に**図b−6**の様に置かれてあるとする．その中で，I系をII系に一致するように移そうというのであるが，平面 π の中でしか動けないため，いくら頑張ってもそれはできない．しかし，π に直角な z 軸を設けてその方向への自由が利くなら，I系は**図b−6′**での点線のように動き，元の状態から裏返しになってII系に一致することができるわけである．（I系をその y 軸の回りに180°だけ回転させてもよい．）このように空間の次元の増減は，向きの自由度にも強い影響を及ぼすことになる．この事情は，**第1章の第6節**の終りの方で述べたことと同様である．

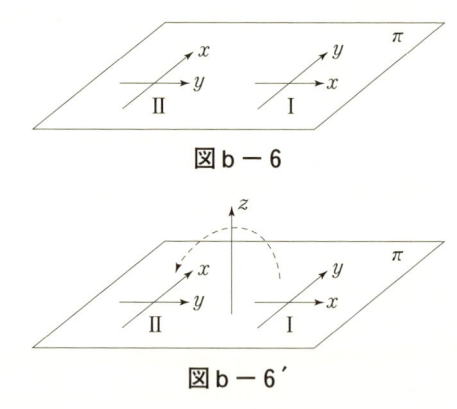

ここまでくると，位相幾何学の対象として求められるのは，グローバルな性質のものだ，ということがわかっていただけよう．

さて，では，リーマンの創始したその幾何学は，位相幾何学にどのように波及したのか，ということについて述べることにする．元々，リーマンにとって，リーマン幾何学はリーマン面の理論とは無縁のものではなかった．リーマン幾何学は，空間の局所的な部分を対象とするように思われるが，実際，リーマンがその創始をした時，その着想は，むしろ幾何学的対象を大域的に捉えることの方に依存している．球面のようなコンパクトなものを一つの空間として捉えたことは，その証拠である．その精神はリーマン面の方から継がれている．リーマン空間上で関数を考えること，リーマン面上で正則な複素関数を考えること（＝幾何学的関数論），という具合いに．

　そのことを踏まえて，ドイツの数学者メービウスは，その晩年の1860年代，閉曲面（これはコンパクトな曲面である）を<u>向きとオイラー数で分類する研究</u>を行なった．**第1章の第6節**でのメービウス帯はこのときに考え着いたものである．同様の分類論はイギリスの数学者ジョルダンもやっている．ジョルダンは，大体，万能数学者であって，数学のどの分野にも強い．ジョルダンの一つの仕事について：（自交点をもたない）単一閉曲線を**ジョルダン曲線**というが，これが平面を二つの部分に分ける，という定理の証明は容易なことではない．ジョルダンの証明は，完璧ではなかったが，これは，その後の位相幾何学的証明をもたらすことになった．

　位相幾何学が本格的にその軌道に乗っていよいよその黎明といえるようになったのは，1870年に於ける**ベッチ**（**E. Betti**）の研究，そしてそれをよく踏まえた，1895年に於けるフランスの数学者**ポアンカレ**（**H. Poincaré**）の研究の発表時からである．既述の「複体」は，ポアンカレの導入した概念であり，また，こ

の節の始めの方にある**式(b-2)**は，ポアンカレの一般化によるものである．向き付け可能な閉曲面Fの三角形分割0-単体，1-単体，2-単体の個数をそれぞれa_0, a_1, a_2と表し，

$$\chi(F) = \sum_{k=0}^{2} (-1)^k a_k \qquad (\text{b}-10)$$

と定めたとき，三角形分割（——より一般に多角形分割）の仕方によらず，**式(b-3)**が成り立つ：

$$\chi(F) = 2 - 2p.$$

これを以て，改めて**オイラー・ポアンカレの定理**という．

しかし，いま，ここで取沙汰するのは，**式(b-1)**である．

ところで，**第1章**における**式(12-1)**，これは，実は，オイラー数と強い相関がある．それは，

$$\frac{1}{2\pi}\int_{\Sigma} K dS = \chi(\Sigma) \qquad (\text{b}-11)$$

というものである．ここに図形Σは閉曲面である．一般に閉曲面は測地三角形で分割できる．$\chi(\Sigma)$はΣを測地三角形分割したときのオイラー数である．これを以て**ガウス・ボンネ(O. Bonne)の定理**という．**式(b-11)**の成り立つことを，半径1の球面Σ_1に還元して説明しておこう：

図b-7のような測地線三角形$\triangle \text{NAB}$では，その面積は，簡単な比例式からθとなる（Σ_1の面積は4π）．このことをガウスの公式**(12-1)**で表すなら，（いま，$K=1$であるから，）

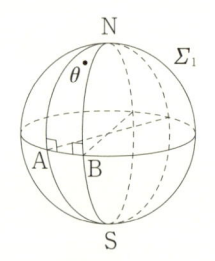

図b-7

$$\int_{\triangle \text{NAB}} dS = \triangle \text{NAB} \text{ の面積} = \left(\theta + \frac{\pi}{2} + \frac{\pi}{2}\right) - \pi$$

$$= 2\pi - \underbrace{\left\{(\pi-\theta)+\left(\pi-\frac{\pi}{2}\right)+\left(\pi-\frac{\pi}{2}\right)\right\}}_{\text{外角の和}} \quad \cdots\cdots①$$

となる．ここでは，かなり特殊な測地三角形を用いたが，一般の測地三角形 T（内角 α, β, γ）でも同様のことは容易に示される．だから，測地三角形 T について

　　　　その外角の和＋その面積 $= 2\pi$ 　……②

が成り立つ．球面 Σ_1 を測地三角形分割して，その全ての測地三角形面について加えると，

　　　　　外角の総和 $+ 4\pi = 2\pi\alpha_2$ 　……③

となる（α_2 は，2 －単体である測地三角形の総数である）．一方，ここの式①の左辺において，外角の和を各頂点ごとに見ると，

　　　外角の和＝
　　　　一つの頂点に集まる辺の数 $\times \pi - 2\pi$ 　……④

である．この右辺における "-2π" は内頂角の和の分を差し引かねばならないからである．従って

　　　　外角の総和 $= 2\alpha_1\pi - 2\pi\alpha_0$．　……⑤

となる．この右辺における "$2\alpha_1$" は，2 頂点で 1 辺を共有することからいえる（念のために）．

式③と⑤より

　　　　　$4\pi = 2\pi\alpha_0 - 2\pi\alpha_1 + 2\pi\alpha_2$．　……⑥

この式⑥は Σ_1 に対する**式（b－11）**の表現である．

　ボンネによる**式（b－11）**は，閉曲面のガウス曲率という局所的な特性とオイラー数という大域的な特性とを結び付けた，実に見事な定理である．この成果は，位相幾何学に新局面を迎

えさせると同時に大域微分幾何学への道を拓くことにもなった．そしてガウス・ボンネの定理は，やがて1930年頃から，コンパクトなリーマン空間の方に一般化されることになる．こうして，現代幾何学として進展するようになったのである．

c 近代解析学への飛翔(しょう)

第2章のB節で述べたように，リーマンは，定積分の然るべき定義を与えた．

閉区間$[a, b]$（a, bは有限値で$a<b$）でxの有界関数$f(x)$がリーマン積分可能となる条件は，後にフランスの数学者**ルベーグ(H. Lebesgue)**が示しているように，「$f(x)$がその区間の殆ど到る所の点で連続であること」である．ここで，"殆ど到る所の点で"，というのは有限個の不連続点あるいは有理点（有理数の点）の不連続点はあっても構わない，ということで，通常，a. e.（almost everywhere の略）と表示される．（しかし，本著でこの記号を用いることはない．）

さて，「有理点の不連続点」であるが，この意味で，"無限個の不連続点"の存在が許容されていることは重要である．（正の）有理数は，自然数と1対1の対応がつく：

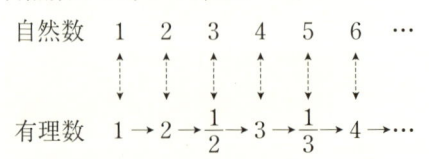

自然数　1　2　3　4　5　6　…

有理数　$1 \to 2 \to \dfrac{1}{2} \to 3 \to \dfrac{1}{3} \to 4 \to \cdots$

この右向きの矢印は，次のように並べた有理数上をジグザグに走っているのである：

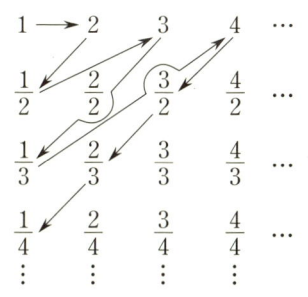

```
1 ─→ 2    3    4   ⋯
1/2  2/2  3/2  4/2  ⋯
1/3  2/3  3/3  4/3  ⋯
1/4  2/4  3/4  4/4  ⋯
 ⋮    ⋮    ⋮    ⋮
```

ユークリッド原本にあるように,「1点は長さ0であって大きさ(長さ)をもたない」とする以上,1点を自然数n個分あるいは$n \to \infty$として無限個並べたとて長さは0である(*).だから,上述のようなリーマン積分可能条件がいえるわけである.しかし,リーマンは,その定積分が定義されるのは,不連続点が有限個の場合まで,ということで止まっている.すぐ前で述べたように,この件は,後のルベーグ積分の構築によって明確にされてゆくことになる.

さて,ここで,リーマン積分可能でない関数の例を挙げておこう.その典型例は次の**ディリクレの関数**

$$f(x) = \begin{cases} 1 & (x \text{ は有理数}) \\ 0 & (x \text{ は無理数}) \end{cases} \quad (0 \leq x \leq 1)$$

である.この関数の場合では,**第2章のB・3節**でのように,リーマン積分を定義することはできない.このように関数値が無限回振動すると,どのように各小区間I_kをとっても全ての$t_k \in [x_{k-1}, x_k)$に対してリーマン和を,その極限が一つに定まるようにはできないからである.従ってこのような関数の積分までを取り籠むとすれば,区間分割の仕方を根本的に変えなくてはならない.——それは,x軸の方の分割ではなくy軸の方で分割することである.これは,分割の仕方をx軸区間の主

導から関数値の主導へと切り換えることに他ならない．これがルベーグの大発想であった．しかし，その前に上述の波線（〜〜$_{(*)}$）のようなことを解析学的にきちんと定義しておかねばならない．こうして**測度**という概念が登場してくるのである．この概念は，かのジョルダンがリーマン積分の研究で先駆けたものであり，更にフランスの数学者**ボレル**（E. Borel）によってある程度まで進展してあったのだが，ルベーグはより拡張して積分論にそれをうまく結びつけたのであった（1902年）．大雑把には，「測度」というものは，長さや面積を点集合上の関数として定義したもの，と思っていただいてよい．こうして**ルベーグ積分**といわれる積分論の道は拓かれたのである．

ディリクレの関数に対しては，ルベーグ積分が適用されて $\int_0^1 f(x)\,dx = 0$ となる．これは，$f(x) = 1$ という値が積分に寄与しないため，実質的に $\int_0^1 0\,dx = 0$ と計算されてしまうからである．ルベーグ積分の威力の寸劇一幕というところ．

余談であるが，近年，中学数学や高校数学に，折々，見られる用語で，"計量"というものがあるが，これは，学術的意味での「計量」ではなく，（測度の初歩的例を集めて）「長さや面積の量を計る分野」というための用語である．だから，そういう分野分けをするなら，それは「測量問題分野」とでもいうべきものであろう．

ところで，再び，ルベーグ積分発表の100年近く前に戻るが，そもそもフーリエ級数の時点で，強く示唆されるべき件がある．それは，**点集合**に関することである．**第2章**における**式（B・2－8）**と**（B・2－9）**で与えられる a_n と b_n は，それらが求まったとしても，**式（B・2－7）**のようにして元の $f(x)$ を表

すとは限らない．実際，ディリクレの関数の場合では，$a_n = b_n = 0$ となって元の $f(x)$ を与えない．そうすると，「フーリエ級数が収束して $f(x)$ に等しくなるような点はどのような集合か」，という問題が，当然，生じてくるわけである．（ディリクレの関数の場合では，それは無理点（無理数）の集合である．）フーリエが考えた以上に，遙かはるかにフーリエ級数には奥があった．フーリエは，熱伝導に関する理論を 1822 年に公刊してはいるが，古典数学からの脱却ができておらず，数学者としては，実質的に 1700 年代の頭脳である．このような諸処を反省して**点集合論**を創始したのは，ドイツの数学者**カントール (G. Cantor)** である．それ以前に，コーシーが実数についてあれこれ考察してはいたが，実数の連続性を自明のように考えていたため，その集合論についての構築的研究は為されてはいなかった．そこで，カントールは，「まず，実数の集合をきちんと捉えなくてはならない」，ということを主張した．同じ頃，デデキントやワイエルシュトラースもそれぞれ別の観点から**実数論**を創始した．彼ら 3 人の研究は個別になされたが，それらは，どれも同等である．そして，創始された実数論を基に，改めて関数の連続性や関数項級数の収束性がワイエルシュトラースやハイネによって論じられ，リーマン積分の存在定理が確証されることになった．1870 年頃のことである．コーシーの成し得なかったことは，こうして次世代の数学者によって成就されたわけである．コーシー以前には，（巧みに）地を這うだけであった計算技術的微分積分法はコーシーの頃より翼が生え出て，そして 1870 年頃に概念を伴った**実数論的微分積分学**として，面目を新たに，地上から大空へ舞い上がることになったのである．——近代解析学の本格的幕明けである．ルベーグに

よる積分論は、これらの成果の反映としてもたらされたもの、ともいえるのである。こうしてフーリエ積分も装いを新たに進展してゆくのである。「**解析学への扉**」に到る道は紆余曲折で非常に長かった。その集大成は譬(たと)うるに、「1粒ひとつぶの砂金を根気強く集積して大きな金塊ができ上がる」、と象徴されるべきものであろう。

d　双曲型非ユークリッド幾何のポアンカレ・モデル

非ユークリッド幾何については、**第1章**の**第12節**で、多少、解説したが、ここで改めて論及する。元々、非ユークリッド幾何は、ユークリッドの『幾何学原論』の五つの公準の**第5公準**を「一般公理」としては認め得ない、という立場から発している。その第5公準とは、

> 1直線が(他の)2直線に交わっていて、同じ側の内角の和が2直角(180°)より小さければ、その2直線は、その和が2直角より小さい内角の有る側のどこかで交わる

というものである(**図d－1**)。

図d－1

「2直線が平行である」ということを、

> 2直線が(他の)1直線と交わってできる同位角が等しい

ということで定義すれば、第5公準は、**平行線公準**

> 1直線の外にある1点を通って、その直線に平行な直線は唯一つである

と同等である。

そうすると，第5公準を証明する，ということは，この平行線公準を証明する，ということに他ならない．しかし，これは証明できることではない．（その様々の経緯等については数学史で詳らかに知られている．）だから，平行線公準を適当に否定したものを公準としても，矛盾が生じないような幾何学が構成できれば，それはそれで立派な幾何学となり得るわけである．そこで，今，引き合いにする**双曲型非ユークリッド幾何**に即してその否定をするなら，

　　　1直線の外にある1点を通って，その直線に平行な直線は
　　　存在して，しかもそれは無数にある

ということを公準とすることができるわけである．本著では，これを「**双曲型非ユークリッド幾何版第5公準**」，ということにしておこう．

　これから双曲型非ユークリッド幾何における**ポアンカレ・モデル**というものについて立ち入る．ポアンカレは，リーマンが「幾何学の基礎をなす公準に就いて」という研究内容を発表した年（1854年）に生まれている．それゆえポアンカレの時代では，リーマン幾何学は，数学界に，それ相応に浸透していた．そういう時代背景において，双曲型非ユークリッド幾何のおもしろいモデルを，ポアンカレがどうして見出したのか，ということについて系統立てて説明致そう．

　当初，ポアンカレは，**保型関数の理論**を構築していた．「保型関数」とは，以下のようなものである：
　まず，**第2章**における**式（A・2－12）**を参照されたい（ここでは係数 a, b, c, d は $ad-bc \neq 0$ とする）．**保型関数**とは，

大雑把には，z に可算個の1次変換を施しても
$$f\left(\frac{az+b}{cz+d}\right)=f(z) \qquad (\mathrm{d}-1)$$
を満たす1価正則関数 f のことである．いま，
$$g_1(z)=\frac{a_1z+b_1}{c_1z+d_1}, \ g_2(z)=\frac{a_2z+b_2}{c_2z+d_2}, \ \cdots$$
$$\cdots, \ g_n(z)=\frac{a_nz+b_n}{c_nz+d_n} \quad (n=1,\ 2,\ \cdots)$$
かつ
$$a_jd_j-b_jc_j \neq 0 \quad (j=1,\ 2,\ \cdots,\ n)$$
とすれば，
$$g_2(g_1(z))=\frac{(a_2a_1+b_2c_1)z+a_2b_1+b_2d_1}{(c_2a_1+d_2c_1)z+c_2b_1+d_2d_1}$$
$$=\frac{az+b}{cz+d} \ (\text{と表す}).$$
このとき
$$ad-bc=\begin{vmatrix}a & b\\ c & d\end{vmatrix}$$
$$=a_1d_1\begin{vmatrix}a_2 & b_2\\ c_2 & d_2\end{vmatrix}+b_1c_1\begin{vmatrix}b_2 & a_2\\ d_2 & c_2\end{vmatrix}$$
$$=\begin{vmatrix}a_1 & b_1\\ c_1 & d_1\end{vmatrix}\cdot\begin{vmatrix}a_2 & b_2\\ c_2 & d_2\end{vmatrix}$$
である．1次分数変換 $g_2(g_1(z))$ を行列に対応させると，それは
$$\begin{pmatrix}a & b\\ c & d\end{pmatrix}=\begin{pmatrix}a_1 & b_1\\ c_1 & d_1\end{pmatrix}\begin{pmatrix}a_2 & b_2\\ c_2 & d_2\end{pmatrix}$$
である．この右辺で行列の積の順は交換できないので，一般には
$$g_2(g_1(z))=g_1(g_2(z))$$
は成り立たない．

このように1次分数関数の合成は1次分数関数であり，従って保型関数は，それらの合成変換の下で

$$f(g_n(z)) = f\left(\frac{a_n z + b_n}{c_n z + d_n}\right)$$
$$= f(z)$$

という具合いでの不変な関数ということになる．

つぎに**第2章**における**式（A・1－9）′**を参照されたい．それに帰するように

$$(z_2 z_4,\ z_3 z_1) = \frac{z_2 - z_3}{z_4 - z_3} \cdot \frac{z_4 - z_1}{z_2 - z_1} \qquad (\text{d}-2)$$

と表すことにする．（上式左辺の $z_2 z_4$, $z_3 z_1$ は積を表すものではないし，また，有向線分を表すものでもない．）この式の値が実数($\neq 0$)であるときが共円条件である．この式を以て4点 $z_1 \sim z_4$ の**複比**あるいは**非調和比**という．$z_1 \to \infty$ とすれば，**式（d－2）**は

$$\frac{z_2 - z_3}{z_4 - z_3}$$

となり，これが実数($\neq 0$)であれば，3点 z_2, z_3, z_4 の共線条件に他ならない．（一般に，ガウス平面での直線は半径$\to \infty$の円と考える．）

そこで，複比が1次分数変換で不変であることを示そう：一般に

$$z_n = \frac{a z_{n-1} + b}{c z_{n-1} + d} \quad (n = 1,\ 2,\ \cdots),$$
$$z_0 = z$$

とすれば，明らかに z_n は z の1次分数変換になる．そこで，いま，z－平面上の4点 $z_1 \sim z_4$ は

$$w_j = \frac{a z_j + b}{c z_j + d} \quad (j = 1,\ 2,\ 3,\ 4)$$

という変換によって w 平面に移されるとする．すれば，
$$w_k - w_\ell = \frac{(ad-bc)(z_k - z_\ell)}{(cz_k + d)(cz_\ell + d)}$$
となるから，
$$\frac{w_2 - w_3}{w_4 - w_3} = \frac{cz_4 + d}{cz_2 + d} \cdot \frac{z_2 - z_3}{z_4 - z_3},$$
$$\frac{w_4 - w_1}{w_2 - w_1} = \frac{cz_2 + d}{cz_4 + d} \cdot \frac{z_4 - z_1}{z_2 - z_1}.$$
これらより
$$(w_2 w_4,\ w_3 w_1) = (z_2 z_4,\ z_3 z_1) \tag{d-3}$$
が成り立つわけである．

この複比は後に用いる．

これから**ポアンカレ計量**というものに論及するための準備として，**第2章のA・2節**におけるリーマン球面 Σ の回転の部分を参照されたい．

まず，Σ 上の2点 P, P′ 間の直線距離を $d(\mathrm{P},\ \mathrm{P}')$ とする．そして P, P′ に対応する $\mathscr{M}$ 上の2点を $z,\ z'$ とする．いま，P, P′ の座標をそれぞれ $(x_1,\ x_2,\ x_3),\ (x_1',\ x_2',\ x_3')$ と表せば，**式 (A・2−17)** により
$$\{d(\mathrm{P},\ \mathrm{P}')\}^2 = (x_1 - x_1')^2 + (x_2 - x_2')^2 + (x_3 - x_3')^2$$
$$= \frac{|z - z'|^2}{(|z|^2 + 1)(|z'|^2 + 1)}.$$
従って
$$d(\mathrm{P},\ \mathrm{P}') = \frac{|z - z'|}{\sqrt{(|z|^2 + 1)(|z'|^2 + 1)}}. \tag{d-4}$$
$d(\mathrm{P},\ \mathrm{P}')$ は以下の三つの性質を満たす：

  i) $d(\mathrm{P},\ \mathrm{P}') \geqq 0$

   (等号は $\mathrm{P} = \mathrm{P}'$ のときに成り立つ)．

ii) $d(\mathrm{P},\ \mathrm{P}') = d(\mathrm{P}',\ \mathrm{P})$.

iii) $d(\mathrm{P},\ \mathrm{P}') + d(\mathrm{P}',\ \mathrm{P}'') \geqq d(\mathrm{P},\ \mathrm{P}'')$.

これらは，一般に，「**距離**」というものが満たさねばならない性質である．

式（d－4）において点 P′ が P に非常に近い所にあれば，$z - z' \sim 0$ であるから，その式を

$$\varDelta s = \frac{1}{1+|z|^2}|\varDelta z|$$

あるいは**第1章の第11節**で述べた線素の意味で

$$ds = \frac{1}{1+|z|^2}|dz| \qquad (\mathsf{d-5})$$

と表すことができる．こうしてリーマン球面上にガウスの第1基本形式に相当する量が定まるわけである．当然，この式は，リーマン球面 $\varSigma$ の中心に関する回転を表す1次分数変換（**A・2－20**）で不変である．そこで $\varSigma$ 上の2点 z_0, z_1 を結ぶ曲線 γ の長さを

$$\int_\gamma \frac{1}{1+|z|^2}|dz|$$

で定め，この下限あるいは最小値をその2点間の距離

$$d(z_0,\ z_1) = \min_\gamma \int \frac{1}{1+|z|^2}|dz| \qquad (\mathsf{d-6})$$

と定義すれば，これは**非ユークリッド距離**である．

　式（d－5）を少し別の観点から見ておこう：

　式（A・2－20）で，$\eta = -1/\overline{z_0}$ とおけば，

$$f(z) = e^{i\alpha} \cdot \left(-\frac{\overline{z_0}}{z_0}\right)\frac{z-z_0}{\overline{z_0}z+1}$$

となる．ここで $\overline{z_0}/z_0 = \overline{\eta}/\eta = e^{-i2\gamma}$ であるから，$\alpha - 2\gamma \pm \pi = \varphi$ とおけば，

$$f(z) = e^{i\varphi} \cdot \frac{z-z_0}{\overline{z_0}z+1} \qquad (\mathsf{d-7})$$

となる．この値を w と表そう．
されば，
$$1+|w|^2 = \frac{(|z_0|^2+1)(|z|^2+1)}{(\overline{z_0}z+1)(z_0\overline{z}+1)},$$
$$\frac{dw}{dz} = e^{i\varphi} \cdot \frac{|z_0|^2+1}{(\overline{z_0}z+1)^2}$$
となるから，結局，
$$\frac{1}{1+|z|^2}|dz| = \frac{1}{1+|w|^2}|dw| \qquad (\text{d}-8)$$
という式が得られる．これを**微分不変式**という．

そこで，**式 (d-7)** についてである．これは z_0 を $w_0 = 0$ に移すが，いま，z_1 を正の実軸上の $w_1 (=|w_1|)$ に移すとする．そうすると，**式 (d-6)** は
$$\begin{aligned}d(0,\ w_1) &= \min \int_0^{w_1} \frac{1}{1+|w|^2}|dw| \\ &= \int_0^{|w_1|} \frac{1}{1+|w|^2} d\,|w| \\ &= \tan^{-1}(|w_1|) = \tan^{-1}\left(\left|\frac{z_1-z_0}{\overline{z_0}z_1+1}\right|\right)\end{aligned}$$
となる．

ここで，別の1次分数関数として
$$f(z) = e^{i\theta} \cdot \frac{z-z_0}{-\overline{z_0}z+1} \qquad (\text{d}-9)$$
$$(\theta \text{ は実数}, |z_0|<1)$$
を引き合いにする．これは単位円の内部を単位円の内部に1対1で移す等角変換である．**式 (d-9)** の場合，**式 (d-8)** に相当する微分不変式は
$$\frac{1}{1-|z|^2}|dz| = \frac{1}{1-|w|^2}|dw| \qquad (\text{d}-10)$$

である．これを，**ポアンカレの微分不変式**という．線素が

$$ds = \frac{1}{1-|z|^2}|dz| \qquad (\text{d}-11)$$

で与えられるそれは，**ポアンカレ計量**といわれる．**式（d－6）**
に相当するのは

$$d(z_0, z_1) = \min_\gamma \int \frac{1}{1-|z|^2}|dz| \qquad (\text{d}-12)$$

である．前述と同様に，$w_0 = 0$，そして $w_1 = |w_1|$ をとると，

$$\begin{aligned}
d(0, w_1) &= \int_0^{|w_1|} \frac{1}{1-|w|^2} d|w| \\
&= \frac{1}{2}\int_0^{|w_1|}\left(\frac{1}{1-|w|}+\frac{1}{1+|w|}\right)d|w| \\
&= \frac{1}{2}(-\log|1-|w_1||+\log|1+|w_1||) \\
&= \frac{1}{2}\log\frac{1+|w_1|}{1-|w_1|} \\
&= \frac{1}{2}\log\frac{1+\left|\dfrac{z_1-z_0}{\overline{z_0}z_1-1}\right|}{1-\left|\dfrac{z_1-z_0}{\overline{z_0}z_1-1}\right|}
\end{aligned}$$

となる．この距離では

$$d(0, w_1) + d(w_1, w_2) = d(0, w_2)$$

という式が成り立つ．これは，**式（d－4）**のすぐ後で挙げた
iii) の性質において等号が一般的に成り立つ例になっている．
このような性質をもった距離は，複比を用いても定義されるこ
とをポアンカレは見出した．

いま，複比

$$(w_2 w_4, w_3 w_1) = \frac{w_2-w_3}{w_4-w_3}\cdot\frac{w_4-w_1}{w_2-w_1}$$

において w_2 を A，w_4 を B，w_3 を P，w_1 を Q と表そう．そう

すると，この式は

$$(AB, PQ) = \frac{PA}{PB} \cdot \frac{QB}{QA}$$

と表される．ここに，例えば，PAは，ガウス平面上で点PからAに向かう有向線分である．そして向きの符号を無視することを

$$|(AB, PQ)| = \frac{\overline{PA}}{\overline{PB}} \cdot \frac{\overline{QB}}{\overline{QA}}$$

で表すことにする．ここに，例えば，$\overline{PA}$は2点P, A間の通常の距離である．

ところで，ユークリッド的測地線は直線である．単位円内部の中心でそのような2直線が直交しているとき，それらは，**式(d-9)** で与えられる等角変換によって単位円の内部で直交する2曲線（円弧）に移される．この意味で，そのような曲線は測地線であって，従って単位円の内部では"直線"と考えられる（**図d-2**）．

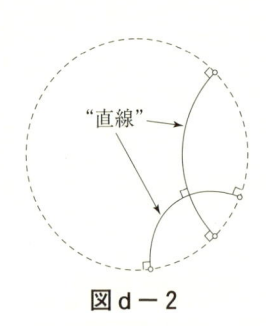

図d-2

そこで，いま，単位円の内部で2点A, Bを通る"直線"が**図d-3**のようにあるとする．（これは，z_1〜z_4 が同一直線上にあるとき，適当な等角変換と**式(d-9)** によって可能である．）図中，P, Qはその"直線"と単位円周との交点である．そこで，これらの点に関

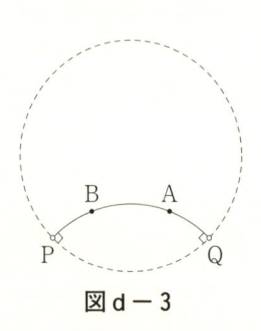

図d-3

する複比をとってA, B間の距離を
$$d(A, B) = k \log|(AB, PQ)| \quad (d-13)$$
（k は正の定数）

で定義すれば，これは，
$$d(A, B) + d(B, C) = d(A, C)$$
という式を満たす．ただし，3点 A, B, C は，この順で"直線"上にあるとする．

このように単位円の内部で構成された幾何学では，既述の「双曲型非ユークリッド幾何版第5公準」が満たされることがわかる（**図 d-4**）．そして測地三角形の内角の和が π より小さいことも納得していただけるであろう（**図 d-5**）．

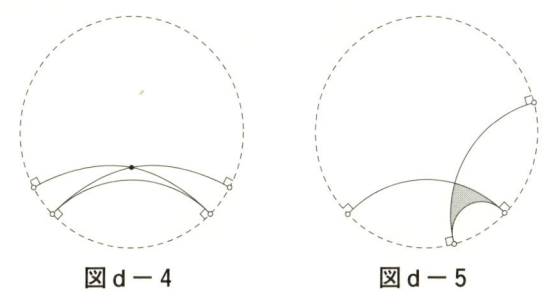

図 d-4　　　　　**図 d-5**

これが，双曲型非ユークリッド幾何の**ポアンカレ・モデル**といわれるものの例である．

既述のように，ポアンカレはこのようなモデルを保型関数の研究中に見出している．保型関数論は，殆どポアンカレとクラインの2人によって創始されたものであり，代数関数のリーマン面の（単連結な）**被覆面**というものに関する理論である．「被覆面」とは，文字通り，リーマン面を覆って包み込んでしまう

ような面のことである．

一つの例を挙げておこう：

ガウス平面において独立な有向線分 ω_1, ω_2 の組を**図d-6**のようにとって格子状の平行線網をとる．(ω_2/ω_1 は実数ではない．)この平行線網上の格子点の全体は

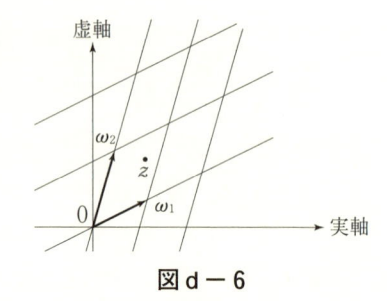

図d-6

$$L = \{k\omega_1 + \ell\omega_2 \mid k, \ell \text{ は全ての整数}\}$$

で表される．ω_1 と ω_2 で張られる平行四辺形内（周を含める）の点を z とすれば，ガウス平面上のどんな点 z' も，ある整数 k, ℓ を用いて

$$z' = z + k\omega_1 + \ell\omega_2$$

と表される．このようなとき，z' は z と同値，と見做せば，これは，ω_1 と ω_2 で張られる平行四辺形の対辺を同一視してトーラス（種数 $p=1$ のリーマン面）を作り，その上で z が（符号も込めて）周期的に現れることを意味する（**図d-7**）．

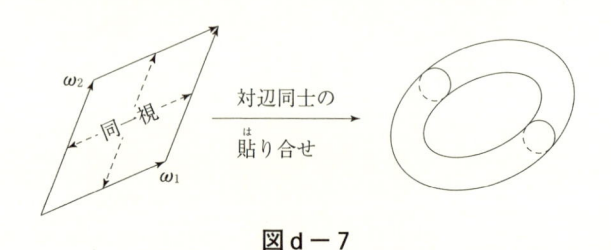

図d-7

このとき，ガウス平面（に等角に移される面）がそのトーラス

の被覆面である．上記の L の元によって z は z' に移される．この L は（加法に関して）群を成す．このような群は，いわば，**"ポアンカレの基本群"** というものの一例である．

さらに，種数 $p>1$ のときの被覆面は単位円の内部に等角に移されるような面であり，その面上の等角変換の集合の（飛びとびの元から成る）ある離散部分群が基本群になる．そのような面上の関数であって，然るべき離散部分群で不変な関数，それが，**式（d−1）**の所で述べた保型関数である．

こうして，本質的に種数 $p=1$ のリーマン面上で有理型2重周期関数（楕円関数）が論じられるように，種数 $p>1$ のリーマン面上では保型関数が論じられることになるわけである．

このような幾何学も，やはり，クラインのエルランゲン目録に沿ったものである．クラインとポアンカレは，双方，「負けず」，と競ったようであり，「よきライヴァルは，優れた業績と発展のために必要」，という典型例といえるであろう．

然るに，「（競争によって $1<2<3<\cdots$ という）大小序列差のつくのは許せない．（$1=2=3=\cdots$ と平等化して）"皆一様に仲よく" するべきだ」，というような学校教育思想がはびこっているらしいが，こんなでたらめ・奇怪なことでは，学力低下現象などが生ずるのは当たりまえ以前のあたりまえである．人間成長のためにも然るべき競争は必要であるし，また，フェア・プレイである限り，素直に優秀者の才能と努力を称えてやるのが道理というものであろう．歴史に見る大数学者達もこのような中で成長してきたのであり，それが，同時に数学の発展をもたらしたのである，ということも付記しておかねばなるまい．

第4章　リーマン幾何学の宇宙論版
——一般相対性理論

　リーマン幾何学を語って，一般相対性理論を語らずには，本著を閉じるわけにはゆかない．相対性理論は，世界史的に知られているように，**アインシュタイン (A. Einstein)** によって構築された理論である．アインシュタインは1905年に**特殊相対性理論**に関する内容を発表し，そして1916年に**一般相対性理論**を発表した．（正しくは，それらの論文が然るべき審査を経由して発表された，というべきだが．）

　物理学には興味のない人もおられようが，リーマン幾何学が数学界のみにとどまらず，その名が響き亘ったのは，偏に一般相対性理論に依るのであるから，これについても，略儀的であれ，当然，述べておくべきであろう．今後，相対性理論は単に「相対論」ということにする．一般相対論は，もちろん，いきなり出来上がったものではなく，その前の特殊相対論を踏み台としている．それゆえ，特殊相対論の序論を略述して，それから一般相対論について述べゆくことにする．（以下，最低限として高校物理程度のことは初歩的常識とする．）

I 特殊相対論

相対論は，時間と空間——併せて「**時空間**」という——に関する学問であり，ニュートン以来の時間と空間の観念を大きく変革した理論である．それによれば，時間は，最早，絶対的なものではなく，各運動系によって相対的に存在するものとなる．このような観念を可能ならしめるのは，どんな慣性（座標）系に対しても（真空中での）光の速さが不変である，という要請にある．

そこで，アインシュタインは，以下のような二つの物理学的要請を設定した：

I-i) 光速度（——以後 c で表す）はどの慣性系にとっても一定である．

I-ii) 運動法則はどの慣性系で記述しても同等である．

この二つの要請から，次のような運動学的定式化が得られる．（詳細は相対論の本を読まれたい．）

いま，双方の座標軸がつねに平行であるような二つの慣性系 I (xy-座標軸系)，I' ($x'y'$-座標軸系) があり，I' は，I に対してその x 方向のみに速度 v で等速度運動をしているものとする．そして，また，質点 P が I の x 方向のみに等速度運動をしているものとする．

I と I' は，ある時に双方の原点が一致していて，それからの I における経過時間を t，I' におけるそれを t' としたとき，（P の位置に対する）そ

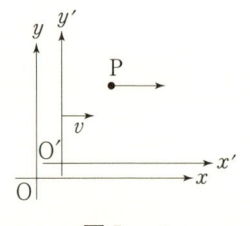

図 I-1

れらの時空位置座標間には

$$\begin{cases} ct' = \gamma \left(ct - \dfrac{v}{c} x \right) \\ x' = \gamma (x - vt) \end{cases} \quad (\mathrm{I}-1)$$

$$\left(\gamma = \dfrac{1}{\sqrt{1 - \left(\dfrac{v}{c}\right)^2}} \right)$$

という関係式が成り立つ．これを**ローレンツ変換**という．この変換式そのものは，オランダの理論物理学者**ローレンツ**(**H. A. Lorentz**)による近似式を経て，かのポアンカレによって1904年に導かれてはいたが，定式化の仕方が（エーテル媒質の非観測に基づいた）苦し紛れのものであるため，（時空間の根本的変革に基づいた）アインシュタインの定式化と同列には置けない．しかし，先に導いていたのがローレンツであるため，その名誉を冠して「ローレンツ変換」という（この名称はポアンカレによる）．

いま，**式**(I-1)を

$$\begin{cases} c\Delta t' = \gamma \left(c\Delta t - \dfrac{v}{c} \Delta x \right) \\ \Delta x' = \gamma (\Delta x - v\Delta t) \end{cases} \quad (\mathrm{I}-1)'$$

と表して，両辺を2乗して上式から下式を引くと，

$$(c\Delta t')^2 - (\Delta x')^2 = (c\Delta t)^2 - (\Delta x)^2 \quad (\mathrm{I}-2)$$

という式が得られる．これを Δs^2 と表そう．そして

$$\dfrac{\Delta x}{\Delta t} = u, \ \dfrac{\Delta x'}{\Delta t'} = u'$$

と表せば，これらは，I-系，I'-系から観測した質点Pの速度に他ならず，**式**(I-2)は

$$\Delta s^2 = (c^2 - u'^2)(\Delta t')^2 = (c^2 - u^2)(\Delta t)^2 \qquad (\text{I} - 3)$$

と表すこともできる．アインシュタインの相対論の枠では，つねに $\Delta s^2 \geq 0$ である．

いまは，簡単のため，平面内での運動をしか記述しなかったが，一般には，y，z 方向の分も考慮せねばならないし，空間座標軸系の等速並進も様々あるので，式（I-2）は改めて

$$\Delta s^2 = (c\Delta t)^2 - (\Delta x)^2 - (\Delta y)^2 - (\Delta z)^2 \qquad (\text{I} - 4)$$

と拡張的に記述されることになる．

そこで，この Δs^2 を4次元空間 (ct, x, y, z) における第1基本形式と思えば，これは，ここでの運動がリーマン幾何学的方向に向かって記述された，と見ることができよう．第1基本量が式（I-4）で表される時空間を**ミンコウスキー時空間**という．ミンコウスキー（H. Minkowski）は，アインシュタインが大学生の時の数学教授である．アインシュタインは，当初は，ミンコウスキーによるその幾何学化に迷惑そうな顔つきをしたそうだが，後の一般相対論に向かっては，そのような幾何学化を賛美し，それに沿うて理論を構築していったのである．

II 一般相対論

特殊相対論は，つねに慣性系から見た質点等の運動ないしは力学を記述するものである．（そしてそれは，幾多の実験によっても支持されることになる．）しかし，それだけでは，相対論的力学の半分を語ったことにしかならないため，アインシュタインは加速系から見た力学の記述に挑戦した．これは，アインシュタインの天才でも容易なことではなかった．しかし，前

述のように，ミンコウスキーによる特殊相対論の幾何学的表現の重要性をアインシュタインはよく了解していた．そしてこれから挑戦するべきは，時空間が曲がっているときの力学であることも捉えていた．しかし，それを記述するべき数学をアインシュタインは知らなかった．そこで，大学時代からの友人である数学者**グロスマン**(**M. Grossman**)の示唆を仰いだ．グロスマンは，「その記述には，リーマン幾何学というものを要する」，と教示した．当然，それからのアインシュタインは，まずは，リーマン幾何学の修得に全力を注いだ．(これは，独力での学習であったが，アインシュタインにとって，それ程，困難なことではなかったようである．) つぎに，考えている物理学をどのようにして幾何学に乗せるかであるが，これは，それまでの実験報告を調べることにより，慣性質量と重力質量の等価性の要請で成就されることになる．この件について少し詳しく述べておこう．慣性質量と重力質量の等価性は，ニュートン力学では不可解な一結果であったが，一般相対論ではそれを前提としている．その等価性を原理とすることで加速系での力学は重力系での力学に還元され，逆に重力場を(リーマン幾何学的意味における)座標幾何学で以て記述することができるようになる訳である．

以上によって，アインシュタインは，以下のような二つの物理学的要請を設定した：

II-i) 慣性質量と重力質量は等価である．

II-ii) 運動法則はどの加速系で記述しても同等である．

そして，力学を記述するべき時空間は，4次元リーマン空間である，と主張した．

そこでの第1基本形式は

$$\Delta s^2 = \sum_{\mu=0}^{3} \sum_{\nu=0}^{3} g_{\mu\nu} \Delta x_\mu \Delta x_\nu \quad (g_{\mu\nu} = g_{\nu\mu}) \qquad (\text{II}-1)$$

という形で表される．ここにリーマン計量 $g_{\mu\nu}$ ($0 \leq \mu \leq 3$, $0 \leq \nu \leq 3$) を行列 $(g_{\mu\nu})$ に組ませると，それは4行4列の行列となり，現実的には，「無限小の世界でミンコウスキー時空となるように」，ということで，各成分 $g_{\mu\nu}$ にある程度の条件が付く．**式（II-1）は式（I-4）の大きな拡張になっている**：$\Delta x_0 = c\Delta t$, $\Delta x_1 = \Delta x$, $\Delta x_2 = \Delta y$, $\Delta x_3 = \Delta z$ とし，そして

$$g_{00} = 1, \ g_{11} = g_{22} = g_{33} = -1,$$
$$\text{その他} = 0$$

と見ればよい．

しかし，一般に理論上は，**式（II-1）**の値は0以上とは限らない．（その方が，様々なことを議論できる．）これまで第1基本形式を $(\Delta s)^2$ と表記しなかったのは，このような意があってのことである．$(\Delta s)^2$ と表記すれば，$(\Delta s)^2 < 0$ のとき平方根をとれないだけに，少なからず，抵抗が生ずるであろう．それゆえ Δs^2 と表記して，これで一つの記法と思っていただいた方がよい．このようなことも含めて，一般相対論におけるリーマン空間は，それまでの数学者が対象としていたものよりも，拡張された概念——**擬リーマン空間**といわれるもの——になっている．このような擬リーマン空間では，Δs^2 を半正定値 (≥ 0) としても，$\Delta s^2 = 0$ のとき $\Delta x_0 = \Delta x_1 = \Delta x_2 = \Delta x_3 = 0$ とは限らない，と添えておこう．

さらにアインシュタインは，次の様な記法を発案した：行列 $(g_{\mu\nu})$ の逆行列を $(g^{\mu\nu})$ と表す．これは，すなわち，

$$\sum_{\nu=0}^{3} g_{\mu\nu} g^{\nu\rho} = \begin{cases} 1 & (\mu = \rho \text{ のとき}) \\ 0 & (\mu \neq \rho \text{ のとき}) \end{cases}$$

ということである．そして "$\sum_{\nu=0}^{3}$" を省略して，この左辺を単に $g_{\mu\nu}g^{\nu\rho}$ と表す．これを以て**アインシュタインの規約**という．式（II-1）は，この立場によれば，

$$\varDelta s^2 = g_{\mu\nu}\varDelta x^\mu \varDelta x^\nu \qquad (\text{II}-1)'$$

と表されることになる．さらに $g_{\mu\nu}\varDelta x^\mu = \varDelta x_\nu$ と表すなら，上式は

$$\varDelta s^2 = \varDelta x_\mu \varDelta x^\mu \qquad (\text{II}-1)''$$

とも表される．

このような表記法によって，テンソル解析は随分と簡潔ですっきりとした表式で記述されることになる．「よい記法はよい見通しを与えてくれる」，という典型例である．（だから，記号も大切である．）それだけに，一般相対論の発表後，微分幾何学での表記は全てこのアインシュタインの規約に従ってなされるようになった．

さて，では，x を時空座標として，この計量（テンソル）$g_{\mu\nu}(x)$ は，物理的にどういうことを意味するのであろうか．アインシュタインは，要請II-ⅰ）によりそれを一つの時空座標系に関する重力場のポテンシャルと考えたのであった．時空間の曲がり具合いを示す量は，**第3章のa節**で述べたように，リッチの曲率テンソル $R_{\mu\nu\rho}{}^\sigma$ である．これは $g_{\mu\nu}$ から構成されている：$g_{\mu\nu}$ への微分階数は，2階までである．$g_{\mu\nu}$ が定数となるミンコウスキー時空間のような平らな空間であれば，$R_{\mu\nu\rho}{}^\sigma = 0$ となる．しかし，重力場が存在するときは，どんな座標系をとっても，それを消し去ることはできないのであるから，$R_{\mu\nu\rho}{}^\sigma \neq 0$ である．そこで，

$$R_{\mu\sigma\rho}{}^{\sigma}\left(=\sum_{\sigma=0}^{3}R_{\mu\sigma\rho}{}^{\sigma}\right)=R_{\mu\rho}$$

とすれば，これは2階のテンソルである．さらに

$$g^{\mu\rho}R_{\mu\rho}=R$$

とすれば，これはスカラーであるから，**スカラー曲率**といわれる．リーマン計量 $g_{\mu\nu}$ とそれの2階までの偏導関数から（線型的に）得られる2階のテンソルは，これら $R_{\mu\nu}$, $Rg_{\mu\nu}$, $g_{\mu\nu}$ の1次結合であることが示される．アインシュタインは，ニュートンの重力場方程式が第1近似として得られるように係数を決め，次のような $g_{\mu\nu}$ に関する方程式を提起した：

$$R_{\mu\nu}-\frac{1}{2}Rg_{\mu\nu}+\Lambda g_{\mu\nu}=T_{\mu\nu}. \qquad (\text{II}-2)$$

ここに，左辺における Λ は**宇宙定数**といわれるもので，上述のニュートンの方程式を近似的に得るには非常に小さな値でなくてはならない定数であり，また，右辺における $T_{\mu\nu}$ は**エネルギー・運動量テンソル**といわれるもので，光のようなものですら存在すれば $T_{\mu\nu}\neq 0$ となるものである．**方程式（II－2）**こそ斯界で有名な**アインシュタインの重力場方程式**といわれるものである．そして，アインシュタインは，重力場の他には存在のない時空間を「**真空**」といってその定義方程式を

$$R_{\mu\nu}=0 \qquad (\text{II}-3)$$

で与えた．（ここで $R_{\mu\nu\rho}{}^{\sigma}=0$ としなかったのは，重力場が存在する限り，それは許されないからである．）しかし，この方程式とて非常に複雑な非線型テンソル方程式であって一般解を望むなどというのは，到底，無理なことである．そこで特殊解に関心が集中する．例えば，第1基本形式が $\Delta s^{2}>0$ であって，それを

$$\Delta s^2 = e^{2\mu}(c\Delta t)^2 - e^{2\nu}(\Delta r)^2$$
$$-r^2(\Delta\theta)^2 - (r\sin\theta)^2(\Delta\phi)^2 \qquad (\text{II}-4)$$

(e は自然対数の底)

という時間的に静的(μ, ν は時間によらない, r の関数) かつ空間的に球対称な形で定め, 方程式 (II-3) を比較的容易に解くことができる. 解は,

$$e^\mu = 1 - \frac{R_S}{r}, \quad e^\nu = \frac{1}{1-\dfrac{R_S}{r}},$$

$$\text{ただし} \quad R_S = \frac{2GM}{c^2} \qquad (\text{II}-5)$$

である. ここに M は, 中心にあって重力場を生成している物体の質量で, G はニュートンの重力定数である.

いまの場合, $1-(R_S/r)>0$ であって $-GM/r$ がニュートンの重力ポテンシャルに対応することになる. このような解を**シュワルツシルト解**, そして R_S を**シュワルツシルト半径**という. シュワルツシルト(Schwarzscild)はドイツの天文学者で, アインシュタインの此の論文が発表されるや直ちに此の解を見出している. 天体において, ふつうの星 (半径 R_0 の球体と仮定) では $R_S < R_0$ であって, その星の外側の時空間の記述には, この解で十分である. (尚, **式(II-5)** で与えられる解は, 方程式

$$R_{\mu\nu} - \frac{1}{2}Rg_{\mu\nu} = 0 \qquad (\text{II}-3)'$$

からでも, 勿論, 得られる.)

しかしながら, アインシュタイン方程式の解としては, $1-(R_S/r)<0$ のようなものも排除はできない. このことについて, 若干, 述べておこう.

いま, 第1基本形式を, **式(II-4)** より少し一般的にして

$$\Delta s^2 = f(r)(c\Delta t)^2 - g(r)(\Delta r)^2$$
$$- r^2(\Delta\theta)^2 - (r\sin\theta)^2(\Delta\phi)^2 \qquad (\text{II}-6)$$

とする．こうして適当な条件下で解いても，形の上では，**式(II-5)** と同じものが得られる．さて，一方，半径 R_0 が $R_0 < R_S$ であるような (超高密度の) 星があるとすれば，当然，$R_0 < r < R_S$ のような空間領域をも考察せねばならない．そうすると，このようなときは，$f(r) < 0$ かつ $g(r) < 0$ となる．従って第1基本形式を定める変数 t と r の立場が逆転することになる．このため，通常の物理法則とは異なった現象が生ずる．結論をいうと，まず，$r = R_S$ でも解が接続されるため，$r = R_S$ の外側からは光のようなものが入ることはできるが，ひとたび入るや，光ですら外側には出れない，という事象が起こる，ということ．こういう空間領域を称して**ブラック・ホール**という．(ふつう，ブラック・ホールの理論的解明では，リーマン計量は時間 t に依存するようにして為される．)

このような一例からもわかるように，一般相対論は，この大宇宙の構造を解明する威力を有した偉大な理論，といえるものである．そのことを，勿論，分かっていたアインシュタインは，事実，一般相対論の発表後から宇宙論の研究を開始している．このようなことは，ニュートン力学では，全く微力すら及ぶものではない．「宇宙を，それ自体を，リーマン空間として捉える」，という大局的なことを，その中の小さなちっぽけな人間である物理学者がやり始めたのである．これは，自然科学の歴史において非常に画期的なことであるばかりでなく，そこにおける人間の頭脳の偉大さを物語る一大典型例ともいえるだろう．一般相対論は，単にリーマン幾何学を応用した，というもので

はなく，むしろ，数学を含めた自然科学界に，リーマン幾何学の宇宙スケール・モデルを提供して我々の時空界を開眼せしめた，というべきものである．そしてこのことは，同時に，「**この大宇宙の自然界が，数学によって脈々と息が吹きかけられている**」，ということをはっきりと実証するものでもある．それゆえ，「数学」という学問は，**Coffee Break Ⅲ**でのひとこまにあるように，(人間の拵え(こしら)ものであるかのような)単なる"数字ゲーム"などでは全くない．本著の読者方々には，このことを強く銘記していただきたい，と申し添えて本著を閉じることにする．

これから先を学ぼうとする人のために

これまで，リーマンの数学を，高校生以上の一般人に読んでもらえる範囲で，可能な限りの数式を用いて概説してきた．それゆえこれだけの内容を6～7割程度でも会得してもらえたなら，リーマンの数学について，雰囲気的であっても，"学び得た"，と思っていただいてよい．しかし，読者の中には，より本格的にリーマンの数学を学んでみたい，という人もおられよう．そのような人達のために，できるだけ読みやすい名著を，ほんの少しだが，紹介しておこう．古典的名著とて，不幸にも，数学書は次からつぎへと絶版になってゆくのが通常なだけに，ここでは，なんとか購入可能なものに限定した．そこで，まずは，リーマンの最大級の業績であるリーマン幾何学の著作についてであるが，

矢野健太郎 著：リーマン幾何学入門，森北出版（1971年）
を挙げておく．此の著は，教育的配慮がよくなされており，テンソルの初歩から（丁寧過ぎる位に）丁寧に説明し，それからリーマン幾何の大要が把握できるように著述されている．

本著を理解した読者には，此の矢野著は，難なく読み込んでゆけるであろう．元々，此の矢野著は，1942年に出版されていたものであり，当時までの微分幾何学界の背景も反映していて，記述スタイルは旧式である．しかし，その後，微分幾何学が著しく発展し，表現の仕方も洗練され，かくして新式の記述スタイルの著作が出版されるようになった．次の著作

野水克己 著：現代微分幾何入門，裳華房（1981年）
はその代表といえる．これは，学部程度の多様体論に加えてリー群論の一通りの素養を有していることを前提としており，

淡々とした記述で教育的配慮はなされていない．しかし，内容的にユニークなことが多く，根性と力量のある読者には，願ってもない著作といえる．程度としては，微分幾何学専攻の大学院修士課程程度のセミナーで使うのにちょうどよい位である．

つぎに解析学の著作であるが，こちらの方は，割と多く出版されている．リーマンの解析学的仕事は，複素関数論に多いが，リーマン積分論も併せて，これらは，コーシーからの影響を多大に受けている．そのために，本著のすぐ前に当社より出版された数学双書①・大数学者の数学シリーズ

一松信　著：コーシー　近代解析学への道，現代数学社

(2009年)

の一読（二読，三読，…でも）を勧めておく．本著では立ち入ることのできなかった多くの内容が僅か190頁程の中に，初学者にもわかりやすいように，しかも時々ユーモアも混淆されて，(肩が凝らずに) 読めるように記述されているのは大きな魅力といえるだろう．

以上，ほんの少しの紹介ではあるが，読者諸賢にとって有益になれば幸いである．

末文になってしまったが，本著執筆においては，特に数学史的著述について多くの図書・文献を参考にさせていただいた．それらの著者の方々には，この文面を通して厚く御礼申し上げる次第である．

平成22年2月

「還暦隠居」間近の端くれ数理物理学者　識

著者紹介

著者　中村　英樹

著作　〈高校数学・受験数学用学習書〉

いかに崩すか
難関大学への数学（現代数学社）

入試数学
その全貌の展開（　同上　）

ジャンプ！高校数学から受験数学へ
数学Ⅰ＋A，数学Ⅱ＋B
［著者名　高田栄一］（　同上　）

入試数学及び初等数学
難問攻略への道　（　同上　）

入試出題者への挑戦
数学「次の一手」（　同上　）

〈高校数学と大学数学の架け橋〉

社会人と大学生のための
高校数学精義（現代数学社）

双書④・大数学者の数学／リーマン

現代幾何学への道

2010年 6月15日　初版1刷発行

著　者　　中村英樹
発行者　　富田　淳
発行所　　株式会社　現代数学社
〒606-8425　京都市左京区鹿ヶ谷西寺ノ前町1
TEL&FAX 075 (751) 0727　振替01010-8-11144
http://www.gensu.co.jp/

検印省略

ⒸHideki Nakamura, 2010
Printed in Japan

印刷・製本　牟禮印刷株式会社

ISBN978-4-7687-0388-5　　　　落丁・乱丁はお取替え致します．